Orlando C. Lewis

Die Entdeckungen des Oktus Murrmann

Impressum

Orlando C. Lewis:	Die Entdeckungen des Oktus Murrmann
Herausgeber:	Ewald Freiburger, Alexandre Goffin und Jeff Klotz J. S. Klotz Verlagshaus GmbH Schloss Bauschlott Am Anger 70 | 75345 Neulingen www.klotz-verlagshaus.de
Umschlaggestaltung:	Sina Fuchs
Satz:	Sina Fuchs
Lektorat:	Corinna Wintzer
Endkorrektorat:	Andreas Überschaer

1. Auflage

Informationen über Bücher aus dem Verlag unter
www.klotz–verlagshaus.de

ISBN 978-3-948968-19-9

Orlando C. Lewis

Die Entdeckungen des Oktus Murrmann

Roman

J. S. Klotz Verlagshaus

1. PACKUNG

Bei dem Besuch in Mailand wurde die Sache virulent. Dichter Nebel hatte die Stadt verschlungen: Selbst der Dom war in schemenhaftem Umriss kaum zu ahnen.

Oktus Murrmann stand im Bus, auf einer durch Rush Hour, Regenfall und einbrechende Nacht endlos verlängerten Fahrt von der Peripherie ins Zentrum der Stadt. Er kam von Como, vom Grab seines so sehr hoch verehrten Alessandro Giuseppe Antonio Anastasio Volta. Bereits dort hatte der Wolkenbruch begonnen, ein schüttender Regensturz war in den Straßen in metertiefen Bächen zum See hinunter gerauscht. Der Elektroingenieur war durch und durch nass, der Mantel hing schlapp und klamm an ihm, im Rucken von Anfahrt und Halt schwankten der Mann und seine Kleider vor und zurück. Im gleichen Rhythmus zog sein Gewicht an der Hand, die Gummischlaufe kerbte sich in seinen Griff: Da er sich ziemlich hoch strecken musste, sodass sein Stand auf dem Boden überhaupt nicht sicher war, drehte sich bei jedem Halt sein Körper abrupt nach vorne. So malträtiert hielt er dringend nach einem Sitzplatz Ausschau.

Außen vor den Busfenstern duckte sich alles in nebelschauernder Nacht wie in einen Dunstkreis der Betrübnis, die Häuser verloren sich hinter regentriefenden Straßenbäumen, die Fahrwege, die Dunstfahnen atmeten, waren bis auf den letzten Platz besetzt mit tropfenblitzenden Automobilen: Sie ruckten langsam durch große Wasserbahnen. Immer wieder kam der Verkehr zum Stehen: Die Geduld des Italieners am Steuer des Omnibusses war engelhaft, er summte, sich aller Heißblütigkeit entschlagend, und fuhr – meistens! – den Unmengen der 500er Fiats vor ihm nicht zu dicht auf. Oktus hatte sich während der schon fast zweistündigen Fahrt langsam nach vorn arbeiten können, nun war er glücklich an jenem

Platz angekommen, den er als Kind so gerne eingenommen hatte, gerade hinter dem Fahrer, auf dem Einzelsitz bei der Tür, mit breiter Sicht auf die drei Spuren des Verkehrs stadteinwärts, mit Hunderten von Fahrzeughecks vor ihm. Ob sie in diesem Stau die Innenstadt überhaupt noch erreichten?

Oktus atmete aus, drückte sich zähneklappernd im klammen Mantel zusammen: Dann gestattete er sich einen Blick der Genugtuung auf die Scheibenwischer und ihre taktvolle Arbeit, registrierte das erfreuliche Glänzen der Regentropfen auf der Frontscheibe, von kleinen Wasserkugeln, die um die quietschende Wisch-Bahn des Gummis auf der Fläche verteilt hingen, und die nun, wie perlendzitternde Edelsteine, in ihrem Beitrag zum bruma über *città* Milano ein geheimnisvolles Leben auf ihrer außenseitigen Glitzerebene führten. Die Zeit stand still wie der Verkehr; alle Mitfahrer im Bus blieben gleichmütig und seltsam still – es roch ein wenig nach Nässe, aber viel nach erfrischter Luft.

Doch der Raumgewinn betrug pro Minute kaum zwanzig Meter. Langsamer konnte der Flug durch eine Milchstraße nicht sein: Es gab keinen Sprung durch die Sternennebel, die Galaxien standen bloß zitternd still, kein Han Solo legte den Schalter um, die Lichtmauer zu durchbrechen. Und so vereinten sich die Tropfenglimmer nicht zu jenem überwältigend leuchtenden Strom, der das pure Antlitz des Hyperraums war. Aber leuchtend stachen einige herabrollende Tropfen hervor, wenn sie, plötzlich lose und frei geworden, die Scheibe hinabwieselten, in den sammelnden Wischer hinein: Und sie wurden zur Seite gefegt, und, waren es mehrere, als Wasserspritzer ins Freie hinaus geworfen, unter die tropfenden Bäume, auf die benachbarten Autos. Schon wieder ärgerte sich Oktus über den Unsinn in *Star Wars*, bei dem irgendeine »Macht« im Blut verankert sein sollte: Welcher Rassist hatte solchem Quatsch wohl Pate gestanden? Nun, hier sprengte man ganz gewiss nicht durch die höhere Dimension:

Langsam schob sich die mehrspurige Prozession der Autos und Lichter stockend dahin. So geht eben! Die Evolution! Dachte er.

Oktus Murrmann konnte sich an dem Blinken der Rückstrahler, am regelmäßigen Aufflammen der Bremsleuchten vor ihm: berauschen! Besonders aufmerksam bedachte er es, wenn zuweilen ein weißes Rücklicht wie ein mahnendes Leuchtfeuer anging, denn er nahm das sofort als Hinweis auf das differente Wesen der Sterne, nämlich speziell der Weißen Zwerge. Die anderen Katzenaugen wurden sofort die Roten Riesen. Aber der weiße Rückfahr-Scheinwerfer ging nur an, wenn sich zwei Autos ineinander verhakt hatten und der Nachgiebigere der beiden Fahrer zurücksetzte. »Lukas Himmelswanderer« schoss nicht gerade seinem Heimatplaneten zu: Wer hinderte ihn daran, weiterzukommen? Eine dunkle Macht stemmte sich ihm entgegen, sie machte den Verkehr zäh, zäher, nein: am zähesten.

Viele andere Lichterscheinungen gab es noch dazu, im Ölzeug der vorbeiflitzenden Rollerfahrer leuchtete es in Rinnsalen ebenso wie auf ihren nassen blanken Helmen und in den Wischspuren auf den Spiegelflächen ihrer Visiere, über die sie immer wieder mit nassen Handschuhen fegten. Oktus Murrmann las ihre Tachometer ab, wenn sie sich vorbeidrängelten, er studierte das Design der Anordnungen der Knöpfe ihrer Armaturen, verglich schnell hin und her schauend die angezeigte Geschwindigkeit mit der, die der Bus ermittelte: Es stimmte, sie fuhren ein wenig schneller, denn sie schlängelten sich durch, in eleganten Schwüngen, die aber immer wieder abbrachen, weil sie sich mit Tritten von den anderen Fahrzeugen fernhalten mussten. Und dann scherte der Bus aus dem Gedränge, er bog nach rechts in eine leere Haltestelle mit einem verglasten, zugigen Häuschen.

An dieser von allen Menschen und vermutlich auch von Gott verlassenen Haltestelle – Mos Eisley ließ grüßen! – stieg ein regennasser junger Mann ein: Und das Drama nahm seinen Lauf! Der schwarzhaarige zwischen zwanzig und dreißig Jahre alte Schein-Adoleszente blieb im Einstieg des Busses stehen. Er befand sich so gerade eine Stufe unter Oktus Murrmann, der ihn von seinem Einzelsitz aus musterte. Vielleicht wollte der ja gleich wieder aussteigen! Kaum hatte der aber die gröbste Nässe von den Hosenbeinen geschüttelt, riss er schon sein Mobiltelefon heraus und eröffnete ohne irgendeine Einleitung, geschweige denn Begrüßung, eine lautstarke Tirade. War er durch das Einsteigen im Gespräch unterbrochen worden, draußen, noch im notdürftigen Schutz des nach drei Seiten offenen Verschlags? Wie im Theater nun füllte seine Stimme den ganzen Vorderteil des Busses: Die Leute dort, und unter ihnen der Teutone, bildeten ein ergeben zuhörendes Parkett.

An Oktus' Ohren schlugen raue abgehackte Töne, die von sanftmütigen Lagen wie unmotiviert in wütendes Schreien wechselten, und zwar mehrmals, und hin und zurück; dies ergab eine packend sich hebende und senkende Sprachmelodie! Dem Deutschen schien es, als lauschten alle im Omnibus aufmerksam, geradezu andächtig, mit dem leicht abwesend wirkenden Gesicht angestrengten Zuhörens! Ein tragisches Auf und Ab der Gefühle entstand wie in Inszenierungen des geschwätzigen Figaro: Es musste ein Gespräch von kosmischer Tragweite sein!

Oktus Murrmann schaltete sein Diktiergerät an. Er führte seit einiger Zeit ein solches immer mit sich: zum Zwecke des Erlernens der Sprache und zum Einstieg in den Akzent der Muttersprachler hatte er ein extrafeines Mikrophon dazugeschaltet.

So war er voller Genugtuung, derart gutes Material für seine Übungen zu bekommen! Ergriffen lauschte er – ohne ein Wort zu verstehen! – dem faszinierend intensiven Vortrag, drei Minuten, fünf Minuten, zehn Minuten. Vor sein inneres Auge malten sich, dem Duktus der lautstarken Ekloge folgend, Krisen und abscheuliche Verbrechen von antikem Gewicht, vom Vatermord bis hin zum Inzest, fatal und unabweisbar. Etwas anderes konnte hier nicht gesprochen sein! So akzentuiert! So die Zähne und die Zunge präsentierend! Ätherische Perzeptionen hoben

Oktus über das Niveau der Busfahrt hinaus, in ein Wolkenkuckucksheim des Höchsten und des Schlimmsten, des Niederträchtigsten und zugleich des berückend Verruchten: Von tiefstem Herzen bewunderte er den nass gelockten Jüngling in seinen Blue Jeans, mit dem sprechenden Funkeln seiner feurigen Augen, und wie hypnotisiert verfolgte er das Auf und Ab des makellosen Gebisses in einem Gesicht voller wie mit dem Rasiermesser herausgearbeiteter Bartstoppeln. Und dazu diese Vokale! Die verzweifelnden Zischlaute! Und die oft wie zum Gebet erhobenen Hände! Es fehlte nur der Fall auf die Knie.

Oktus! Wer hätte gedacht, dass das zum Auslöser werden könnte für eine Serie fürchterlicher Verbrechen?

Angekommen zu Hause in Mannheim präsentierte Oktus Murrmann seinen Fund dem Italienischlehrer, einem Signore Francesco Coppola. Doch welches Entsetzen packte ihn, als sein Präzeptor zuerst ein wenig krampfhaft schmunzelte, dabei sein Gesicht einen unkontrollierten und verschlagen berechnenden Ausdruck gewann. Und dann konnte der sich nicht mehr beherrschen: Er schlug aus dem Nichts ein gellendes Lachen auf! Unwürdig riss er dabei den Mund auf, nach Luft schnappend, und, Murrmann registrierte es voll Abscheu: Er hatte den gleichen ungepflegt-gepflegten Zwei-Wochen-Bart wie jener kaum dem Bubenalter entwachsene Mitfahrer im Glitzer-Bus durch die Galaxien von Milano! Und ebensolche makellosen Zähne! Und dieser Coppola – hatte der Francis Ford Coppola nicht *Apocalypse Now* gedreht, mit den fürchterliche Explosionen am Schluss? – der konnte sich gar nicht mehr beruhigen, er hielt sich schließlich krumm gebeugt die schmerzenden Seiten, sein keckerndes nicht mehr enden wollendes Gekeuche *a modo italiano* hallte im Zimmer wie die Apokalypse der Trunkenheit einer ganzen Gaststätte, die Oktus damals in Lucca erlebt hatte, und die deswegen so unverarbeitet blieb, weil er im Hotelbett mit dem Hinterteil fast bis zum Boden durchgehangen war. Eine grauenvolle Nacht!

Oktus Murrmann konnte das Gebaren des Coppola kaum ertragen. Es war ihm so laut wie das sturzbetrunkene Geschrei einer ganzen Trattoria, in der offensichtlich ein Lotteriegewinner die Spendierhosen anhatte: Wie sollte er gegen diese Reizflut ankommen? Je mehr er sich dessen bewusst wurde, und je mehr er darüber nachdenken wollte, aber wie festgefahren nicht konnte, beschlich ihn ein dermaßen zwiespältiges Gefühl von Unheimlichkeit und Unverständnis, dass allein dieses bereits die folgenden Exzesse von Widersinn und Irrwitz erklären könnte. Es war, als rammte sich ihm, im Nacken zackend spürbar, ein stumpfes Messer universaler Absurdität oben zwischen die Schultern, und sein Leib fühlte sich in diesem eiskalten Durchdrungensein zitternd an und rauchig und schwelend wie ein abbrennendes Haus, in dem das Wasser der Feuerwehr noch fußhoch steht. Völlig daneben, innerlich uneins und unglücklich zerrissen und verstört, starrte Oktus auf seinen Lehrer, der sich, ganz entgegen aller Autorität – und jegliches pädagogische Gefälle vergessend! – nicht mehr beruhigen wollte.

Auch hieb ihm der gar, jede Distanz vergessend, auf die Schulter! »Herr Murrmann! Das ist das Beste, was ich je gehört habe! Es ist gleichzeitig so absurd und ungeheuerlich wie ein Abgrund aus Tiefsinn, der in der Erklärung der letzten Dinge ins Stammeln gerät und im Lächerlichen versackt und, statt stumm zu versiegen, in ein fürchterliches Gebrülle mündet.«

»So so«, brachte Murrmann heraus, »ich verstehe ja gar nicht, was der da spricht, aber alles klingt dermaßen heroisch und unantastbar weihevoll, wie ewig, wie riesig – einfach phänomenal!« So musste sich ein Darth-Vader-Imitator fühlen, dem keinerlei Respekt, sondern alberne Verulkung entgegenwallte.

Der Pädagoge konnte erneut nicht antworten: Ein weiterer Lachkrampf riss ihn herum, halb schon erstickend schrie er heraus: »Ja, es ist gewaltig! Überdimensional! Es sprengt alle Grenzen! Hahahaha!«

Der Francesco prustete, er hielt sich am Stuhl, er hob den Stuhl voller sich kringelnder Lachlust hoch, fast wie um ein Gegengewicht für seine verlorene Zwerchfell-Balance zu gewinnen, doch andererseits auch: wie drohend. Eine endlos erscheinende Zeit verging, in der in Murrmanns Nacken der Stich und Schnitt der Ambivalenz sich tiefer einsenkte und zum Herzen hinabgriff.

Endlich platzte der Italienisch-Instruktor heraus. »In dem Gespräch geht es um das Waschen der Jeans! Der *cocco di mamma* ruft seine Mutti an, streitet mit ihr um alles, was zum Waschen nötig ist! Er ist der Fachmann und sie hat zu gehorchen! Sie will aber so waschen, wie sie es immer getan hat! Und sie gibt ihm Saures, was man aber nicht hört, nur sein vergebliches und fast weinerliches Sich-Wehren dagegen! Mit allen Mitteln eines immensen Sprach- und Stimmaufwandes stößt und schlägt er gegen ihre vermeintlich monströsen Zumutungen! Und er scheint auch manchmal zu resignieren, rafft sich aber dann doch wieder hoch.«

Oktus Murrmann hörte das nur noch mit halbem Ohr, denn er war mit dem Vernehmen des Wortes »mamma« in ein traumatisches Erlebnis in Verona zurückgefallen. Dort hatte ihn eine vollbusige blonde Prostituierte die halbe Stadtmauer entlang gejagt – er konnte die Beine in die Hand nehmen, wie er wollte, sie schrie, laut und überall hörbar: »*Mucco la mamma!* Sage doch nicht immer wieder, und dauernd, und wieder und wieder: *mucco la mamma!*« Ja, warum klagte das wohlfeile Mädchen in Italienisch und Deutsch durcheinander? Und auch damals war das Gefühl im oberen Teil des Rückgrats das Gleiche gewesen, der Nacken war aufgerissen wie ein zackiger Schlund, brennend wurde darin gewühlt, und, so schien es Oktus, er werde unflätig beschimpft. Und auch da hatte ihn schließlich ein Muttersprachler – beim Espresso im italienischen Feinkost-Geschäft, es war ein Gärtner, der ihm einmal die Fenster gestrichen hatte – auf die Bedeutung gebracht, sie meine irgendetwas vom »Saugen an der Brust«! Und er hatte gedacht, die Frau sei dem Irrenhaus entsprungen oder auf einem Horror-Trip! Und er wollte keineswegs an ihrer Brust saugen: Er hatte aber das Gefühl, als hätte ihn eben jetzt sein Gegenüber, der *giardiniere*, bei Fetisch-Ritualen auf öffentlicher Straße vor dem Balkon Romeos und Julias ertappt! Und wieder riss es ihm im Rücken auf und rieselte es kalt hinunter!

Damals wie heute, bei dem *giardiniere* und bei dem Coppola, dröhnte ihm eine hallende Enttäuschung und ein unlösbares Missverständnis in den Ohren: Und genau dieses wurde zum Auslöser! Denn von dem war der Schritt ins Misanthropische nur noch minimal: eigentlich nur noch winzig.

Auch heute wieder klärte ihn jemand auf, über etwas, das er misslich anders aufgefasst hatte: er, der Naivling! Er, der in Bildern lebte! Und in Geschichten! Sie wurden ihm genommen, entrissen, vernichtet: Das Telefonat im Bus, es war durch und durch trivial gewesen! Und die Sache in Verona enthüllte nicht die Ruferin, sondern ihn, als irre. Wie konnte er nur seine Welt immer so missverstehen? Und zusammen mit dieser Erkenntnis waren ihm auf einmal alle Telefonate, Handygespräche, Handys, ihre Besitzer und Nutzer, entwertet: Er versackte in der öffentlichen Telefonzelle, zu der die ganze Welt verkommen war, wehrlos verächtlicher Sinnlosigkeit überantwortet. Alle Antworten waren Geschwafel! Weil sie »ver-ant-wortungs-los« waren! Da liefen die Leute ruhig auf der Straße herum, plötzlich fingen sie an laut zu reden! Und sie schienen ihre Lautstärke dabei sogar zu genießen, ihre geräuschvolle Mitteilungsfreudigkeit stimmte sie wie jubilierend! Ja, man war wer, wenn man aus voller Kehle herumkontakten konnte! Das war »durchdringend«, in mehrfachem Wortsinn, bezüglich des Schalls, bezüglich der öffentlich werdenden Inhalte der Geräusche, und bezüglich des hallenden Fortissimos der eigenen Bedeutung.

Oktus dachte: Wenn alle sich öffentlich besprechen, rücken alle, zusammen mit Stan Laurel und Oliver Hardy, in die winzige Telefonzelle!

Wir werden eingesperrt hinter einer schlecht passenden Schwingtür, da drängen wir uns an- und übereinander, die Verständigung ist wie immer schlecht, das Geld-Einwerfen funktioniert zugunsten der Telekommunikationsunternehmen zwar recht flugs, aber die Leistung, die man erhält, ist bescheiden! Die Leitung: Sie rauscht! Statt im Millennium-Falken zu fliegen, versumpft man im festbetonierten Unsinn alltäglicher Nichtigkeiten! Und, fürchterlich genug, draußen rufen und klopfen schon andere, die auch hier herein wollen, und wie sollen wir, schließlich zu dritt oder viert da hineingezwängt, den Telefonhörer vom einen zum anderen reichen?!

Vormals war es doch so: Ging jemand mit sich sprechend durch die Stadt, konnte man davon ausgehen, hier liege ein deutlicher Dachschaden vor. Ist es heute vielleicht gerade umgekehrt? Und Dick und Doof: Ihr Slapstick vom Telefonieren – das war ja ohnehin bloß ein Jux?! Oder doch nicht? Es gibt Familien, da sind im Wohnzimmer gleich mal eine Handvoll Handys aktiv, und man sitzt dabei, oder steht auf, weil man es kaum glauben kann, und man sieht es dann im Überblick: Da wird nicht mehr gewohnt. Und im Restaurant: wird nicht mehr gegessen. Und jedermann breitet schamlos seine »Wäsche« aus. Ob sie schmutzig ist oder nicht, das kümmert doch niemand. – Waren nicht auch Unterhosen im Sommer schon gängige Tageskleidung?

Am Tag des Lachanfalls des Signore Coppola – exakt an dem Tag! – schritt der Elektroingenieur Oktus Murrmann zur Tat. Er saß in seinem Bastelzimmer, unter den vollen Regalen, die er um die Poster von Volta und Galvani gebaut hatte, und er grübelte dort über einigen Schaltplänen. Er tüftelte an Elektronikbauteilen herum: Schließlich puzzelte er eine derartig pervers gewundene Anordnung aus seinen unermesslichen Vorräten zusammen, dass ihn schauderte. Dann lötete er wie verrückt, und so begann sein verhängnisvolles Wirken, das die ganze Welt sprachlos machen sollte.

Noch am selben Abend trug er statt seines alten Diktiergerätes zum Erlernen der italienischen Sprache eine neue Form von »Diktiergerät« in der Tasche seines Jacketts.

Murdochia, die sich unangemeldet in seiner Küche breitgemacht hatte, brummte ihm zu. »Bist du nun zufrieden?! Was hast du nur getan?«

»Was denn schon«, antwortete Oktus, »das bisschen Spaß, das wird wohl erlaubt sein!«

»Dir schon, aber mir nicht!«, sagte Murdochia. »Du erlaubst dir das und meinst, das hat keine Konsequenzen! Da es aber Konsequenzen für mich hat, dann – das sage ich dir ohne Zögern auf den Kopf zu! – dann hat es auch welche für dich!«

»Was telefonierst du mir hier herein!«, schimpfte Murrmann zurück. »Du bist ja schlimmer als das dauernde Telefon-Schrillen! Kannst du denn jederzeit jedermann anrufen, ohne irgendein Bedenken? Glaubst du denn, ich bin für dich immer zu sprechen?«

»Das weiß ich schon lange! Dass du vor mir deine Ruhe willst! Ich bin aber höchlich gewillt, dir diese keineswegs zuzugestehen. Du hast erreichbar zu sein!«

»Das schreist du aus der Küche herüber und ich soll es hören? Nie und nimmer! Da bleibe ich doch lieber beim Löten: Sei still jetzt! Ich muss mich konzentrieren.«

»Auf was denn? Du – mit deinen Ideen! So einfach kriegst du mich nicht mundtot.« Murdochia sagte das in jenem Ton der seltsamen Ruhe, der endlosen Streit und nimmermüdes Argumentieren ankündigen konnte. Und doch drang es über den Gang durch die Tür herein. »Du glaubst wohl, wenn du sagst, ich soll still sein, dann bin ich es auch. Nein, nein: Ich rufe dich an, wenn ich will! Und dann nimmst du ab!«

Murrmann wurde jetzt aber laut und gemein. »Ich pfeife auf deine Anrufe! Du hast mir gar nichts zu sagen. Außerdem bist du gar nicht eingeloggt.« – Welches Übel war doch diese ständige Einloggerei!

Warum eigentlich? Damit sie wieder eine Adresse abgreifen konnten? Für neue Werbefluten?

»Warum hast du dann die Leitung gelegt? Das Code-Wort vergeben? Die Kontakte vom Gummi befreit? Frage ich: dich! Und jetzt würdest du sie wohl gerne kappen! Aber Leitung bleibt Leitung! Und weiter sage ich dazu nur eines: Versuche das bloß nicht. Die Rücknahme! Sie könnte dir übel bekommen!«

Murrmann verstummte. Mit Murdochia ließ sich schlecht streiten. Die war so schlimm wie die Internetfirmen: aufdringlich, aber ungreifbar. Leicht zu provozieren, aber ging es ans Wesentliche: unauffindbar. Murdochia war, wie ein Global Player, keineswegs spielerisch, sondern zu groß, zu stark, zu stämmig. Aber, so mächtig ihr Körper scheinen mochte: so leicht schwenkte ihre Stimmung auch herum. So streng sie blicken, so scharf sie argumentieren konnte – genauso weich konnte sie schnell zum Schmollen übergehen. Sie war ein Papiertiger. Eigentlich konnte man ihr nicht richtig böse sein: Sie sprach zwar mal dagegen, so wie heute, das ging aber nie über »leichte Drohungen« hinaus. Eigentlich war nichts von ihr zu befürchten: Sie richtete sich ihre schwarzen Haare, die wie gestärkt glänzten, steckte sie mit altmodischen Spangen fest. Dann nahm ihre Stimme wieder den Ton an, als schnurre sie ihren Katzen zu, als lächele sie mit breitem Mund und bilde nur noch beruhigende Worte voll runder Sanftheit.

Murdochia war sich selbst noch nicht ganz gewiss: Also warum sie weiter reizen? Das bringt doch nichts, dachte Murrmann. Er griff an seine Brusttasche und spürte lieber, welche Macht von seinem neuen »Diktiergerät« ausging: Er atmete tief ein – volle Befriedigung, sein Thorax schwoll, und – Murdochia schien das bemerkt zu haben! – denn er hörte von drüben:

»Blas dich nur nicht zu groß auf! Komm lieber zu mir, hierher: herüber! Zu … mir!«, schmeichelte sie. So sprach sie auch immer zu ihren geschmeidigen Siams.

Ohne langes Überlegen ging Oktus Murrmann hinüber. Er setzte sich an den Tisch, als erstes aber erbat er sich mit Friedensgruß: Schweigen! Dann machte er sich über das Essen her. Er stillte seinen Hunger, danach ging er zu Bett.

Murdochia aber unterhielt, kaum war er aus der Küche, heute eine Art Dauer-Geräuschpegel. Ständig hörte er vom Herd herüber ihr Schwatzen! Schimpfte sie mit ihren Miezen? Oder sprach sie zärtlich mit ihnen? Doch in wie seltsamem Bass miauten diese zurück? Oder sprangen sie, mit ausgefahrenen Krallen schlagend, nach den Federn, die sie dort über den Boden zog?

Über solchen der Interpretation kaum zugänglichen Tönen schlief Oktus Murrmann ein.

2. PACKUNG

Am nächsten Morgen strebte der Elektroingenieur der Straßenbahn zu – die gute Linie Vier lief kaum hundert Meter an seiner Wohnung vorbei.

Auf den verbogenen Quergängen zur Haltestelle stieß Oktus Murrmann in einer Gedächtnisecke auf das erste Telefonat seines Lebens: ein fürchterliches Ereignis! Weil die vermaledeiten Studienräte am Gymnasium Geld für den Ausflug forderten, musste er seine Mutter anrufen: Die verlangte Summe überstieg seine Mittel. So telefonierte er aus Bamberg in das verschlafene Rhöndorf hinein: dieses aus dem Wohnzimmer seiner Vermieterin, im likörduftenden Gelsenkirchener Barock und bei schweren braunen Polstermöbeln. Die ungestillte und zügellose Neugierde hielt die Zimmerwirtin im Raum, und während sie anfänglich und wie in unvermuteter Zurückhaltung die Hände bergend bei der Tür gestanden war, rückte sie ihm von Minute zu Minute näher auf den Leib, zunehmend in vor Neugierde zitternder und vor Indiskretion berstender Weise: Am liebsten wäre sie wohl in den Hörer geschlüpft, ein Hörer-Wurm! Eine Fleisch gewordene Qualle, deren Tentakel ringelnd nach Information gierten, und deren Innenleben sich für alles und jedes ohne jede Hemmung zum Kanal machte, sperrangelweit offen und dümmlich und wesenlos! Führten nicht zum absoluten Nullpunkt der Kelvin-Skala abgekühlte Leitungen Strom ohne jeden Widerstand? Amöbia Morawecz war ein Supra-Leiter!

Ach, so überschattet und erschwert begann die fernmündliche Odyssee mit dem Anruf beim Viehhändler. Der hatte als einziger zu Hause in der Straße das damals nur als Sensation zu bezeichnende »Telefon«. Oktus Murrmann wahrte kaum die Fassung, als sich die Viehhändlersgattin ältlich und asthmatisch und elektronisch verzerrt vorstellte. Doch brachte er noch mit kaum gestemmter Mühe sein Anliegen vor: Er meldete erstens, wer er sei, wer also dort am anderen Ende der Leitung sprach; danach folgte, woher er gerade anrufe – beides kam ihm schon an eine landesverräterische Attitüde heran, denn dieses war der Frau zwar bekannt, aber sie ließ sich die Novität, wie es im Dorfe üblich ist, gerne mehrmals erläutern – und so ergänzte sie seine Ausführungen gerne, im Übrigen dem Gesprächsinhalt völlig unangemessen, gänzlich in der Art ländlicher Tratscherei, Raum und Zeit ignorierend, wie und woher er ihr bekannt wäre – und diese intimen Vorträge aus seiner Kleinkinderzeit waren ihm an Peinlichkeit kaum zu überbieten, aber ihre flott-unbesorgte Redseligkeit genoss sie, und schien mit einem Schlag zwischen ihnen beiden die größte Vertraulichkeit herzustellen; derart blockiert, war das Anliegen von Oktus' Anruf kaum durchzubringen, noch dazu, wo es um einen Ausflug ging: Solche Behufe waren der Viehhändlersgattin im Schulzusammenhang anscheinend unbekannt und bedurften einer eingehenden Erläuterung, mit langen Zwischenrufen und Zwischenfragen, die ihre Verständnislosigkeit mehr als genug dokumentierten, so ein »Ausflug« – das Wort hatte durch oftmalige Wiederholung schon seine Bedeutung verloren – war für die Viehhändlerin völlig außerirdisch, ja um Gottes willen, wohin wolle er sich da verfliegen, sie nahm es wörtlich!

So war zu dem vierten Punkt äußerst zäh vorzudringen, nämlich viertens, ob man nicht die Mutter holen könne? Ja, was denn das nun wieder? Und warum? Wieso konnte die Frau Stanglmeier nicht sachdienlich reagieren, und dementsprechend handeln? Hing der Widerstand seiner Gesprächspartnerin mit einer erwarteten Menge an konkreter Arbeit und engagiertem Aufwand zusammen? Um welche man etwas ausführlicher gebeten werden wollte? Doch endlich war die Lawine mit einiger Mühe losgetreten: Frau Stanglmeier, oder besser deren Tochter, die jünger war und geschwinder rennen konnte, musste zweihundert Meter im Schnellgang eilen, atemlos die Mutter holen, oder besser, mit dieser, um Atem und Verständnis ringend, auch wieder die vier eben genannten Kommunikationshürden überwinden, konnte das überhaupt klappen? Noch dazu, wo die Stimme der Tochter, die sich immer dazwischenschaltete, so hoch und fein und kaum real war, sie war ja mehr gehaucht, und eher für andere Ausdrücke geeignet als solche konkreten. Das war ja eine Vogelstimme, die immer kaum Begreifbares piepte?

In der Zwischenzeit, die immer unerträglich länger wurde, spannte sich des Oktus' Psyche zwischen zwei Valenzen immer weiter auseinander: Er horchte mit rotem Ohr gespannt ins Telefon, einmal in die so ferne Heimat, dort akustisch den überfallartigen Zwischenfragen und belanglosen Erinnerungen der Viehhändlerin ausgesetzt, und andererseits auf den optisch-haptischen Kanälen durch seine Wirtin, die brutal-neugierige Wirtin Amöbia Morawecz, bedrängt, die vorne regellos alles aufschnappte und es kaum benutzt hinten inkontinent wieder abgab. Nun begann diese zweite auch noch in das nicht so dringend genutzte andere Ohr hinein zu wühlen, sie rätselte zudringlich und völlig schamlos, was des Studenten Oktus langes Schweigen, durchsetzt mit ihr völlig unpassenden abgehackten Worten aus Kindermund und zerrissen von zusammenhanglosen Bestätigungen von Dingen, von denen sie gar nichts wusste, wohl bedeuten mochte. Murrmann dachte nun, pluraliter geworden und von dritter- und vierterseitigen Heranwälzungen überfordert, sie will unbedingt wissen, was da passiert, aber ich sage es nicht, denn ich kann es gar nicht sagen – und wenn ich es sagen würde, würde sie es gar nicht verstehen können und gar nicht verstehen wollen, sie giert ja nach der Simplizität, die ihr Erleichterung verschafft wie ein gelungener Stuhlgang! Die Situation, die hier entstanden ist, ist so ungeheuer komplex, in ihr sind vier Personen oder mehr, wenn ich die Mutter mitzähle, auf verschiedenen Ebenen des Potenziellen wie des Realen und der Abstraktion beteiligt, wie soll ich das formulieren? Aber die schwellend-gierige Präsenz der informationshungrigen Wirtin brachte ihn zunehmend in fürchterlichen Druck.

Jetzt hatte er der Viehhändlersgattin Stanglmeier eine monströse Zumutung beschert, ihre Tochter – die mit der hohen Stimme! – zum Rennen herausgefordert, er selbst hing im vorläufig vergeblichen Warten auf seine Mutter – hoffentlich war die nicht auf dem Feld! – fest; und dazu trat das fortwährende bösartige Heranrücken der Wirtin, von dem er kaum noch wusste, wie er es sich vom Leib halten konnte! Und die ihn jetzt so scharf annahm, so stechend, so unwillig und bald in Geschrei überschnappend: Die machte ihn doch jetzt darauf aufmerksam, er müsse schon etwas in die Sprechmuschel hinein reden: Denn sonst wäre das teure Telefonat ja völlig umsonst. Und als sie so, wie der bauernschlaue Politiker, die finanzielle Karte spielte, war der unlösbare Interaktions-Staudamm errichtet, über Oktus ragte eine viele Meter hohe Bedrohung, die mit monetärer Steinigung und Begräbnis drohte. Wer konnte, wer wollte, wer durfte sich in solcher Situation noch mit Buchhaltung oder Bankkonto beschäftigen? Das war das Letzte an Inhalt, das Trivialste, aber in seiner materialistischen Penetranz so überwertig, dass jede feinere Essenz und Stimmung unmöglich wurde.

»Warum sagst du nichts! Oktus! Sag doch was!« Amöbia Morawecz schüttelte den Kopf, sie raufte sich fast die Haare, nahe an einer hoffnungslosen Verzweiflung: dass hier bei ihr jemand telefonierte ohne zu sprechen, oder telefonierte, indem er nur unverständliches Zeug quasselte, oder ihr immer wieder verbal wie nonverbal Abwehr und Defensive zu verstehen gab – und das Schlimmste war, dass sie merkte, sie konnte das hier verborgene Geheimnis gar nie in vollem Sinn wissen und ausschöpfen! Metaphysische Indifferenz: Sie war vielleicht einer Natur wie der ihren unbewusster denn je, aber nichtsdestotrotz wirksam, vielleicht in der Sucht nach populistischer

Negation. Es gibt doch Positives zu wissen! Aber hier eben nicht! Welche Ungeheuerlichkeit!

Bei motorisch gestimmten Naturen kann solche Frustration zu handgreiflichen Exzessen führen: Und so amöbisch sie war, so musste man durchaus mit einem überfallartigen Agieren rechnen – war sie denn nicht schon ganz nahe daran, den Telefonhörer an sich zu reißen, das unnötige Schweigen des Oktus und ihr stimmloses Exil zu beenden, die Initiative und die ihr zugewachsene Verantwortung zu tragen und durchzusetzen? Zehn Minuten vergingen, es ging bald auf fünfzehn Minuten zu: Die von überschüssiger Energie und vergeblichen Talsperren übernervös gewordene Wirtin war fast dem Nervenzusammenbruch, einer abrupten Folge heftiger Maulschellen oder zumindest einem Ausbruch in haltloses Geschrei nahe, und Oktus Murrmann spürte das, er kämpfte, vielleicht in fünfter Linie, mit Furcht. Sie konnte das Schweigen einfach nicht mehr aushalten, am liebsten hätte sie den Jungen gepackt und geschüttelt! Denn in ihr war die Nachsicht mit dem Gymnasiasten am Ende! Sie musterte ihn von Minute zu Minute entrüsteter, drohender, der letzten Rohheit näher: Plötzlich sprach sie laut und erpressend von Telefonaten, die sie möglichst gleich noch zu erledigen hatte. O je! Das ihm die Hölle-Heiß-Machen war die sechste Valenz, ein neuer Vektor in dieser Terror-Perspektive!

Gott sei Dank! Jetzt war die Mutter da! Völlig außer Atem konnte sie kaum sprechen, sie fragte etwas hektisch, was es gäbe. Diese plötzliche Wiederbelebung des Gesprächs gab nun der Wirtin den Rest, ihr Damenbart begann zu zittern, sie griff, wohl unbewusst, nach dem Hörer, um das Gespräch an sich zu ziehen, besser: um endlich zu erfahren, was denn hier – bei ihr! – und an ihrem Telefon vorgehe! Oktus aber drehte sich weg, er barg wie im Kampf das Telefon – doch dann brach er in ein überschwemmtes Weinen aus, er konnte nichts mehr sagen, er war überwältigt, er hörte die Mutter, hinter der schrie die Viehhändlersgattin ins Telefonieren hinein, ihre Tochter schien ebenfalls völlig außer Atem wie ein Wiedehopf bruchstückhaft zu pupen, vor ihm schnaufte und brauste die heimtückische Wirtin, und wies ihn zurecht, ermahnte ihn, packte ihn an der Ehre! »Wer weint denn, wenn er telefonieren muss! Du musst schon etwas sagen!«

Welches Desaster! Er schluchzte so, dass er kein klares Wort mehr herausbrachte: dass seine Mutter jetzt da war, und doch so fern, das machte ihn fassungslos! – »Tränenströme flossen ins Telefon, und über den Hörer, in die Sprechmuschel, und sie lähmten die gesamte Galvanik!« So müsste man dazu in einer Geschichte schreiben. – Nur mit Mühe kamen nun einige Beteiligte – »in der Spitze des Eisbergs«, aber der hatte die Titanic schon aufgeschlitzt – zur Sache: War das nicht immer beim Telefonieren so? Musste man sich nicht immer zum Wesentlichen erst aufraffen: »Also, warum ich eigentlich anrufe ...« – Da gilt es doch als ein Verbrechen, wenn man nicht plaudern kann, wenn man nicht endlose Stunden mit Geschwätz und Flausen und Flunkerei füllen kann! Was sollte er also sagen?

Ich kann jetzt nichts sagen, die Situation ist nicht zu bewältigen: Du, meine liebe Mutter, so fern, und doch nah, und du wirst schon streng, darüber, was ich will, und dazu die Nachbarin von zu Hause, mit der habe ich noch nie geredet, und ihre Tochter, die kenne ich, die ist lieb und freundlich, auch wenn sie bloß tutet, und ich, ich kleiner Bub, ich verlange einen Gefallen, von allen diesen Fremden. Und die Diarrhö-Wirtin da, die macht mich fertig, sie ist eine Verbrecherin der schlimmsten Sorte, sie will selbst telefonieren, sie kann ihr Telefon mir nicht lassen, sie will es nie mehr aus der Hand geben, das Telefon ist ihr momentan das Wichtigste geworden: Ja, es ist der Fokus ihres beschränkten Lebens, sie definiert sich völlig übers Telefon! Sie ist ein Telefon-Junkie! Ein hoffnungsloser Fall! Ich brauche fünfzig Mark, weil wir eine Busfahrt nach Salzburg machen: Wir sollen auch einmal raus aus Bamberg!

Unter immer wieder heftig unterbrochenem Hin und Her stieß Oktus Murrmann das hervor: Das meiste des Satzes ging in Schluchzen und unklaren Artikulationen, die an Klagelaute erinnerten, unter. War er auch zum Wiedehopf geworden? Als alles vorbei war, das Geld zugesagt, mit den nötigen Ermahnungen versehen und angenommen, und Adieu! Da verlangte die schamlose Wirtin Geld von ihm: für das endlose Telefonat! Wo sollte er das hernehmen? Er hatte doch keines und gerade um Geld telefoniert! – Ein Alp! Wohin zwang ihn diese Amöbia? In welches Schattenreich des Absurden?

Als die wiederbelebte Erinnerung an dieses fürchterliche Ereignis kaum noch auszuhalten war, machte Oktus Murrmann kehrt: Statt zur Straßenbahn ging er zurück nach Hause. Er wollte sich krankmelden und sich dem Fernsehprogramm widmen. Das war noch nicht oft vorgekommen, er galt ja nahezu als pedantisch und unentwegt in seiner Pflichterfüllung, aber die Erinnerung an das Telefonat hatte ihm den Rest gegeben. Er kehrte also um und ging die Waldstraße hinunter.

Aber was geschah da? Fuhr da ein Autokorso von weißen SUVs auf? Lauter schneeweiße »Ess-Ju-Wies«? Die paradierten da wie die aufgeblasenen Egos ihrer Fahrerinnen und Fahrer in langen Reihen die Straße herunter, betont langsam, wie diese Fahrzeuge es immer tun, irgendwo gas-gehemmt und auf einem bröckeligen Teer entlang tastend. Rauf und runter ging Oktus' Blick: Eine endlose Kette weißer tropfenförmig gerundeter gigantischer Automobile zog die Straße heran. Was sollte das bedeuten?

Alle hielten an, auf einen Schlag. Es fehlte nur, dass alle Fahrerinnen graziös ausstiegen! Möglichst pastellfarben gekleidet, frisch geduscht: mit einem Wort – supermodern! Sie würden einen Tanz beginnen, alle synchron: dabei überdimensionale iPads, ebenso blendend weiß wie die Autos und groß wie halbe Schreibtische, elegant über ihren Köpfen schwingen. Die blitzten wie Glasscheiben! Dazu stelzten sie ihre Füße breitbeinig-ordinär, in den teuren Design-Hosen, und ebensolchen klobig-hochhackigen Schuhen, und drehten sich. Gleich würden sie singen!

Oktus Murrmann wandte sich entsetzt ab, instinktiv in die Königsteiner Straße hinein. Kaum da halb durch, kam ihm ein Kita-Ausflug entgegen. Da saßen sechs Kleinkinder von zwei oder drei Jahren in einer Art Bett mit Gitterstangen, das von zwei Kindergärtnerinnen – die sinnigerweise gerade mit ihren Handys telefonierten! – hinten und in der Mitte geschoben wurde. Das sah aus wie ein Minibus, mit Menschenantrieb. Was hatten denn die Schieberinnen da zu telefonieren, in ihrer Arbeitszeit? Fassungslos registrierte Oktus die Szene und blieb mit offenem Mund stehen.

Auf dem groß geratenen Kinderwagen saßen die meisten Kinder gleichgültig in ihr Spiel vertieft, sie wirkten wie abwesend und teilnahmslos. Ihr Dasein und ihre Beschäftigung passte nicht ins Straßenleben. Nur vorne, am Bug des Schlachtschiffs, stand ein Junge, aufrecht hielt er sich mit beiden Händen am Gitter: Er hatte eine Art Monteur-Anzug an, und die blauen Träger formten über seiner Brust eine Art »A«, und im Auge des A befand sich eine Tasche, mit Reißverschluss: Es sah so aus, als trüge er darin eine Art Vorrat, vielleicht ein Portemonnaie, war Geld darin? Oder war es ein Schokoriegel? Der Knabe sah stolz und aufrecht voraus, die Stirn im Wind, von der wehten dünne braune Haare, und unter der gefüllten Tasche klopfte sein Herz. – Wo hatte der bloß seine Kapitänsmütze gelassen? Und den zackigen Gruß?

Oktus kam zu Hause an: Und nun, am frühen Morgen, zappte er zwischen an die tausend Werbungen hin und her, er lernte alle Firmen kennen, die Funktelefone herstellten, und dazu noch die Telekommunikationskonzerne, die ihre Verträge anpriesen: Oh, wie war das günstig, günstig! Und wie lernte er diese Geräteproduzenten und die Versprechen ewiger Verbindungen und Flatrates hassen! Wie grantig wurde er über das Kleingedruckte und über die endlosen Werbeansagen, die nur dazu dienten, das Publikum bis zur terminalen Mitteilung des Preises vor dem Schirm und auf der Folter zu halten! Wie wurde jeder Unsinn breitgetreten und oftmals wiederholt: Das Wesentliche kam nur in kleinen Dosen und immer so, dass man meinen musste, man habe es übersehen oder überhört. Und genauso war die Bildführung: Gab es etwas Interessantes zu sehen, wurde gleich abgeblendet. Schmolz hinein in das Kauderwelsch einer unverständlichen Technokraten-Sprache, mit völlig unbekannten Wortschöpfungen, an Krankenhausdialoge medizinischer Fachleute erinnernd: Und wo blieb Oktus? Wie wurde er verarztet? Diese Unternehmen würden alles, günstiger als alle anderen, besser, und viel gescheiter, und dazu auch noch alle Datenmengen unbeschränkt gewährleisten, also Streamen, Dauer-Reden, endlose Luftnummern von Gesprächen, Chatting und Surfing! – Die redeten doch: über das Reden?! Und ihm wurde das wie das Vexierbild mit dem Chamäleon, wo man nicht weiß, was ist Vordergrund, was ist Hintergrund – überall nur Chamäleon! Das Eine und das Andere: wurden identisch.

In dem Film, den er stattdessen auf *arte* anschauen wollte, wurde ständig telefoniert! Es wurde ihm: ein Horror-Film! Dann landete er bei den Privatsendern und fragte sich: Wie hatten die Drehbuchschreibenden bloß früher die Handlung vorwärtsbewegt? Heute reichte ein Telefon in der Nähe – und es gab ja in jeder Szene mindestens ein Dutzend solcher Geräte! – und schon war das Fortschreiten der Handlung: auf alle Fälle gewährleistet! Es war wie in den Roadmovies: Da brauchte man nur ins Auto steigen und weiterfahren und schon ging die Geschichte voran. Warum fiel denen nichts Besseres ein als – Klingeling, Abheben, aha!, Information! Das war der Kniff! Und nebenbei ermittelte man den Mörder. Oder die Mörderin, zur Abwechslung! Man sollte ein

Kriminalstück schreiben, in dem jede Szene mit einem Telefonat eingeleitet wird! Sherlock Holmes löst hiermit seinen Fall: fernmündlich! Und umgeben von Tausenden von Bildschirmen, die ihm alles zeigen, was auf der Welt von Millionen Überwachungskameras aufgezeichnet worden ist, er muss die Masche finden, alles zusammenzuschalten, was er braucht! Er sieht es dann, denken muss er nicht mehr.

Oh, wenn Oktus nur hätte schreiben können wie Tschingis Aitmatow! Warum ging das bei ihm nicht so gut? Ihm fehlte der Stoff! Nämlich die Berge, die Herden, das Dorf, und darin seine Menschen! Und was hatte er, statt dem?

Ihm fiel ein, dass er schon lange eine Geschichte mit sich trug, die er schreiben wollte: eine Science-Fiction-Erzählung, die um das Jahr 2150 spielen sollte – zu der er aber einfach keinen Anfang finden konnte. Aber heute, ihn fror gleichzeitig, und er schwitzte, heute brach sie aus ihm hinaus.

Er setzte sich hin, er schrieb auf. Den dicken roten Werkstatt-Bleistift in den Fingern.

Ein Kerker voller Ketten

Oktus Murrmann hatte die furchtbare Überschrift geschrieben. Jetzt verharrte er und besah die Worte: Ihre unbändige Schroffheit ließ ihn erschaudern. Er hörte die Ketten rasseln. Nun musste er die Zähne zusammenbeißen, er zwang seine Finger, das Holz seines Stiftes fester zu packen. Dann kratzte er weiter.

Ende des 22. Jahrhunderts war es soweit: Über Europa war der Untergang hereingebrochen.

Erneut stockte er: Das Wort »Europa« ließ ihn stutzen. Er sah die Frau auf dem Stier nach Kreta herüber pflügen. War das nicht zu wenig? Musste es nicht besser heißen: »der Untergang des Abendlandes«? Also Amerika inklusive?

Und dann: »hereingebrochen«. War das nicht auch zu wenig? Da blieb doch die essentielle Vernichtung außen vor. Er ließ es, denn schon ging es weiter.

Ein riesiger Erdteil trat in vollkommener Verwahrlosung ab: Auf versauten Straßen wuchs kniehoch das grüne Gras. Die stolzen Residenzen hatte man verlassen – sie hausten in löchrigen Hütten, sie fristeten ihr Leben in lausigen Baumhäusern. Die Devise »Zurück zur Natur« war Wirklichkeit geworden: Die Seelen der Menschen beugten sich dem Rohstoff des Rousseau.

Begonnen hatte es mit den peitschenden Hieben der Klima-Zeloten: Ohne dass es ihnen im mindesten bewusst war, hatten sie die Menschheit gefügig gemacht – sie duckte sich jetzt notgedrungen ins Wettermachen. Jederfrau war es total evident: Der einzige Ausweg aus der Treibhaus-Zwickmühle war die eigenmächtige Verfertigung der Witterung. Durch die obertüchtigen Staubgeborenen.

Nach der Abstimmung – die zudem täglich wiederholt wurde – entbrannte der Dauersommer. Der erlaubte es, auf jede Kleidung zu verzichten.

So düster schrieb Oktus. Seine Sätze waren giftige Raupen, die in wimmelnden Knäueln in Baumkronen fraßen, dann als stachelig-versponnene Klumpen herabfielen.

Mit seinen Sätzen krümmte sich der Elektroingenieur. In die Inklination. Er sah schwarz. Und so war es gekommen.

Jahrzehnte vorher, in dem Workshop für angehende Klima-Zoo-Graphen, war der bald allseits beliebte Präsidial aufgefallen: warum? Er hatte den apokalyptischen Geistesblitz detoniert, bei strittiger Vorhersage – die nicht selten vorkam! – den Einsatz von Wettermaschinen zur Beeinflussung des Wetters einzuführen. So könne die Vorhersage valenter werden! Das war das Sperma.

Fruchtbar nun wucherte die revolutionäre Idee; und führte sofort zu dem rasanten Aufstieg des um 2080 geborenen Aspiranten der Meteo-Mechanik. Die Etablierten waren sofort auf den Trichter gekommen, welche Perspektive dieser Vorschlag des kommenden Groß-Machthabers bot: Der Klimawandel wird in Klimatransformation beendet, im Zuge der Umstürzung wird zugleich auch Politik zur Information überführt! Ab dem agierte Macht nicht mehr real: Statt dem gab sie Nachrichten aus.

Und die Sekte, die sich sofort um den Digital Balancer scharte – so hieß die Oberexzellenz hinfort – stützte ihn bedingungslos.

Oktus Murrmann hielt den Stift an: Genau so war es! Was er da in die Zukunft projizierte, das passierte ja schon dauernd. Vor allem in der Telefonitis: Sie hatte alle Menschen infiziert, mit digitaler Meldung statt mit überzeugender Tat.

Die Silikon-Plastifikations-Clique hatte vollends – wie die meisten Menschen schon heute, aber noch zögernd – die mühsame Handarbeit aufgegeben. Sie verfügte über Billionen Techniken, Printmedien, Webs, Kanäle, Plappermäuler, Publicities, Foren und vieles anderes mehr. Den Stammtisch hatten sie erledigt, jede Form des Public Viewing und jede Schrulle dazu. Sie entwickelten die infame Parallelität zwischen Wettermachen und Information: perfekt.

Gesellschaftliche wie politische Lagen können mit Hochs und Tiefs verglichen werden, mit Wetterfronten, Kaltluftpropfen,

Passatwinden und dem Monsun: Was ist nun die Lösung? Im meteorologischen Bereich: die Klima-Apparatur! Im politischen Bereich: die Logistik der Information! Im Potentaten-Differential sind sie aber beide: eins!

Wenn Flughäfen oder Bahnhöfe nicht fertig werden, was tut man? Informieren! Wenn Autos betrügerisch gebaut werden: Das ist ja eigentlich schon Publicity! Und Bahnen, Banken und Versicherungen melden ihre Fehlleistungen – eingebettet ins beschwingte Weitermachen. Das Ende vom Lied: Das Individuum, das dieses beherrscht, kann unbedingt Tyrann sein.

Der Elektroingenieur dachte: Das sind die Ketten. Die rasseln.

Es wird viel Wind gemacht – das ist: Meteorologie. Der Shitstorm bricht los – Meteorologie. Es werden Unmuts-Wolken durch Holiday-Sonnen vertrieben – Meteorologie! Und wenn es drückend schwül wird, hat eben mal wieder der vermaledeite Klimaschutz nicht geklappt – Meteorologie! Was braucht man überhaupt noch ein »soziales Klima«? Der Di-Bal hat es in Physik verwandelt.

In der Wetter-Manipulatorik kann man also, wenn ein Tief droht, mit passender Aktivität ein Hoch heraufführen: Haben das die Machthaber nicht immer schon so gemacht? Schon sitzt der neue Regenmacher in seiner Zentrale, er zieht die Strippen, er spinnt die Fäden. Lässt die Marionetten tanzen, und ist unumstritten: serener Panik-Präsidial im Ministerium für Information! Der Überherr: Er heißt: Di-Bal! Je gekonnter er die Wetterlagen hin und her treibt, umso höher steigt er hinauf. Zur rechten Zeit hat er informiert: Schon ist der Dampf raus – Meteorologie!

Bevor einer einen Mangel merkt – ist er ihm schon ausgeredet. Dann taut ihm neue Erkenntnis, ein laues Lüftchen lässt seine

Hormone ins Kraut schießen. Auch hagelt es mal, wenn der Kleinbürger zu hitzig wird. So ist der Tornado vermieden.

Warum denn – handeln? Sprechen ist auch Handeln. Und so spült man jedes Problem mit ein wenig Finger-Gymnastik und Knopf-Druck in den unendlich multiplizierten Fluten des mickeymäusischen Schlechten und Rechten – hinweg. Nach ein paar Transmissionen ist alles zerfleddert, die tollste Essenz eingebürgert in die Dutzendware der »zehn besten Bücher«, der »zehn besten Filme«, der »zehn besten Haushaltsreiniger«.

Der Digital Balancer präsidiert; in equilibrio ist alles egal – die Laufruhe ist zu gut gewuchtet.

Las sich das etwa wie ein Exposé? Konnte so die Erzählung beginnen? Musste er jedoch nicht zuerst andeuten, wie dieser Sapiens, der künftige »Di-Bal«, in seinen Beruf hineinwachsen konnte? Zu Hause? Und in der Schule? Und seine Motive zeigen, und wie er schon seine Eltern dirigieren konnte und seine Geschwister quälen?

Angespannt hob Oktus Murrmann den Blick: Vor allem der Herr Volta auf dem Poster an der Wand zog eine skeptische Miene. Der Signore Alessandro Giuseppe Antonio Anastasio deutete auf seine Säule: Kupfer ist unten, Zink ist oben, dazwischen liegt der in Salzsäure getränkte Lappen: Und dann kommt, oben, an das Zink anschließend, wieder eine Kupferplatte, und das Spiel beginnt von vorne. Meinte der Herr Volta, es müsse Spannung erzeugt werden?

Doch welche Säure musste er, Oktus Murrmann, dazu nehmen? Er griff seinen Mantel, den Hut, legte den Schal um, ging hinaus an die frische Luft. Spürte er etwa die Mandeln in der Kehle? Sie schwollen. Sie arbeiteten – nach vorne! – sich heraus. Das war nie ein gutes Zeichen! Sollte er Hustentabletten nehmen?

Da fiel ihm ein Plakat vom Reiss-Engelhorn-Museum auf und er blieb gedankenverloren vor der Litfaßsäule stehen. Dort gab es gerade eine große Ausstellung über Saurier. Der Kopf eines mächtigen Tyrannosaurus Rex war abgebildet, mit riesigen spitzen Zähnen. Und das Ungetüm sah listig und verschlagen drein, es grinste herab über die Menschenwinzlinge, die sogar schon vor seiner Abbildung erschraken. Aber o je! Wie schlecht waren doch alle Filme über diese Wesen!, dachte Murrmann erbittert: Sie waren Machwerke! Die Volta'sche Säule, die erste funktionierende Batterie, mit Ladung, Fluss, Spannung, wurde hier auf das Kleinhirn-Niveau transponiert: Untier, Trieb, Entsetzen folgten instinktiv ihren Standard-Mustern! Diese Filme negierten das Großhirn und seine Potenzen: Sie wollten nichts anderes als Angst erzeugen! Das war die reduzierte Sprache der Fragmentierungen der … – jetzt hatte er es! – der Digital Balancer! Nannte man sie nicht neuerdings auch: »Influencer«? – Es gibt in der digitalen Welt keine Gegenrede: Sie führt bloß in die sprachlose Panik!

Oktus kehrte um, er ging wieder nach Hause. Im Wohnzimmer legte er sich mit einem dicken Schal und saure Halsbonbons lutschend aufs Sofa, er war traurig und bedrückt. Warum hieß es einstens: »Reden ist Silber, Schweigen ist Gold«? Und hatte nicht auch Lao-Tse gesagt: »Rede selten nur, so will es die Natur«?

Heute herrschte doch: Kakophonie! Ein Mischmasch, ein digitaler Wirrwarr, in unbeherrschten Wort-Salaten! Die Influenza kratzte ihm in der Kehle, er hustete: Und dann störte er sich daran, dass ihm gerade heute ständig die Bilder von der *pellicola* »Fluss ohne Wiederkehr« vor Augen kamen. Szenen von mit langen Rudern ringenden Menschen, auf einem Floß, regellos getrieben über reißende Stromschnellen: Ruder brachen, krachend fuhren die untergehenden Balken an herausstehende Felsen, weißes Wasser schäumte, auf dem Floß ächzte Marilyn Monroe, ohne Bezug zu ihrem rauen Holzhacker-Partner. Oktus konnte dieses Kino nicht ertragen: Wenn es einen Film gab, den er hasste, dann war es dieser. Denn er fand, es wäre Marilyn Monroe dem Genre Western überhaupt nicht adäquat: Und wie sie überhaupt nicht in die Nähe der kanadischen Grenze passte, so wenig passte zu ihr dieser Schauspiel-Partner, der Robert Mitchum: Der ist eher ein Anti-Held, der Film ist ein Anti-Film.

Oktus Murrmann versank in einen wilden Traum. Die Monroe hatte die Stromschnellen hinter sich, gerade lief der Fluss ruhiger dahin, da begann hinter der Kurve ein röhrendes Grollen: Der T-Rex vom Reiss-Engelhorn-Museum schaute überdimensional um die Flussbiegung herum, sein Kopf pendelte auf und ab.

Di-Bal? T-Rex? Ja, Oktus Murrmann war auch sauer über die Sprache der Abkürzungen. Diese moderne Abkürzungssucht: Das war doch die Metapher der allgegenwärtigen Simplifizierung!

Null und Eins! Aber welche schwache Eins, nur knapp über Null!

3. PACKUNG

Als der Elektroingenieur nach dumpfem Schlaf die Augen mühsam öffnete – sie waren wie geschwollen – sah er die Gardinen an den Fenstern nur im düsteren Zwielicht. Er schluckte: Hals und Mandeln waren dick, drückender Schleim saß ihm in den Bronchien.

Kam Inanna heute nicht? Die kräftige Frau, vormals eine gestählte Turnerin, der üppig gekräuselte Haarbausch rieselte ihr pechschwarz den Rücken hinunter. Ach! Es war noch zu früh.

»Ich habe die Prozession der weißen Ess-Ju-Wies gesehen. Die Fahrerinnen, weiß gekleidet, tanzten mit weißen Tablets am Bordstein entlang. Sie bewegten sich so, als müssten sie ihre Beine und Arme ganz weit hinaus stelzen.«

Was würde sie daraufhin sagen? Gewiss folgte der Vortrag über vegane Ernährung, oder über eine Hühnersuppe, die ihn jetzt aufgerichtet hätte, die armen Hühner aber das Leben kostete. Fast prophylaktisch stöhnte er ins leere Zimmer hinein: »Ich weiß schon, es ist klar, wer gesund lebt – bleibt gesund. Wer inneren Frieden wahrt – bleibt friedlich.« Der Pleonasmus erklärt den Pleonasmus heutiger Kommunikation.

»Ach, Oktus«, könnte Inanna dann antworten, »so schlimm sieht es noch nicht aus. Das sind ja alles bloß Fieber-Delirien. Du fühlst dich doch heiß? Oder kalt? Der Korso da ist überhaupt nicht zu fürchten: Der Untergang des Abendlandes braucht noch ein ganzes Äon.«

»Europa bleibt also bestehen?«, hämmerte in Oktus das schwerfällige Kopfweh unter der heißen Stirn.

»Ganz lange noch. Es muss ja erst noch das Steak marinieren.«

»Was?« Oktus brach unter der Bettdecke vor Schreck der Schweiß aus.

Inanna schüttelte den Kopf, sie schien etwas zu wissen, ganz in überlegener Pose atmete sie tief durch und straffte ihren in Gymnastik gemeißelten Körper, während sie ihre Mähne nach hinten warf. »Denk doch nicht ans Essen, Oktus. Einladungen zum Essen: sind gefährlich. Jedes Essen ist ein Risiko. Man isst schnell zu viel. Tja, wie alle anderen auch: Du verkennst die Führungsrolle Europas.«

»Oho!«, rief Oktus im Fieberwahn. »Das also behauptet die rastalockige Hippie-Prophetie? Das kann nie und nimmer wahr sein! Wir wollen doch immer nur das Beste!« Den letzten Satz sagte er so, obwohl er selbst gar nicht wusste, wie der in diesen Zusammenhang passte.

Dann schlief er wieder ein, und er erwachte erst, als es bereits Mittag war, halb zwölf. Er kochte sich einen Riesenpott Tee. Voller Genugtuung sagte er zu sich: »Dieser Tee konnte durch keine Leitung vermittelt werden. Er konnte nicht per Telekommunikation erledigt werden. Er wurde mir auch nicht auf Bildschirmscheiben vorgespiegelt.«

Bevor er wieder ins Bett fiel, murmelte er traumverloren auf: »Weißt du, Inanna, das? Wenn du mit mir sprichst, lege deine Hand an dein Ohr – nicht auf meine Brust. Mein Herz berührst du nicht.« Er wusste wohl selbst nicht mehr, welche Trance aus ihm sprach.

Aber die alleinerziehende Inanna hatte Probleme mit ihrem Sohn, dem Groß-Telefonierer und Computer-Fan. Sie antwortete: »Naramsin meint, alles und jedes ist jederzeit verfügbar. Wie an seinen Geräten. Er wird immer virtueller, durchsichtiger, blonder, bleicher. So helläugig und schwielenlos und aalglatt. Das Saftige, Eckige, Sperrige – damit meine ich: mich – wird ihm fremd. Und so hackt er auf mich los, wie auf seine Tastatur.«

»Ach was«, sagte Oktus, »der pubertiert ja nicht einmal!«

»Ja, genau, eben deswegen. Meine fehlerhafte Gegenwart hat er für alle Zeiten als unpassend markiert, sie ist ihm unangemessen und unzumutbar: Er bewirft mich mit den Kletten meiner Dauer-Fehler, die bringe ich nie mehr weg. Ich mache dauernd was falsch. Naramsin will nur noch das mathematisch perfekt Gesiebte, Ethik ist für ihn juristisch einklagbar, er übt seine Privilegien mit Hilfe der UNO-Konventionen aus. Das wird ein gesellschaftliches Problem werden, eines Tages: Wenn dieser Alleswisser bestimmen kann: Er kennt kein Erbarmen. Keine Nachsicht. Nur ratifizierte Verträge.«

»So weit würde ich nicht gehen wollen«, hielt Oktus mit erlahmender Stimme entgegen. »Wenn er heiratet, treibt ihm der Sex das schon noch aus!« – Wohin verirrte sich Oktus wieder mal? Übertrieb er das handfeste Körperliche nicht?

Inanna verneinte. »Die Selbststilisierung suhlt sich in social networks, in denen ständig der algorithmische Beleg ihrer Attitüde dokumentiert wird. Das wird der innere Selfie-Stick! Und da stört die dreckige, laute, grollende, ständig mit schlechtem Gewissen kämpfende Mutter nur. So vollkommen! So cool!«

Ach du große Güte! Sollte Oktus jetzt in die Schlucht jener Schwierigkeit stürzen, was »cool« eigentlich bedeutete? Hatte das was mit dem Wetter zu tun? Oder mit der Humoralpathologie cholerischer Körperflüssigkeiten? Er würde an das Tor des klaffenden Abyssus klopfen, mit der Frage: Stört es denn niemand, dass niemand weiß, was »cool« eigentlich bedeutet? Teilnahmslos? Unberührt? Apathisch? Wie kann man angesichts der Klimakatastrophe cool bleiben? Doch nur als Digital Balancer, der das baldigst moderiert. Aber womit?

»Naramsin bringt das schon hin!« Das war doch kein Trost. Eher das Gegenteil. »Der macht das schon cool!« Oh nein, wenn er das sagen würde, das würde der verzweifelten Mutter erst recht weh tun. Er überlegte, besser wäre: Cool reicht doch nicht. Genauso wenig wie Naramsin den Unterschied von Demut und Besonnenheit kennt, genauso wenig kennt er den Unterschied von Vollendung und Vollständigkeit. Ihm fällt sofort immer die Hälfte an Bedeutung unter den Tisch: Man redet ja bloß hin, und der oder die andere redet bloß zurück. Cool!

Inanna verstand ihn. »Völlig uncool ist die Enthüllung des Zwecks beim Telefonieren: Die Selbstoffenbarung entwertet das Sprechen. Man spricht ja bloß, das ist viel cooler!«

Ja! Genau! Oktus hatte riesige Scheu davor, sein Anliegen darzutun: Denn die darunter liegende Absicht, das war der Kern seiner Phobie vor dem Telefonieren. Denn in solchem Trachten wollte man Nutzen ziehen: Man brauchte und gebrauchte die Zuhörenden, sie mussten sich in Gang setzen, sie mussten präsent werden. Durfte man das? Jemanden herausholen? Aus sich? Und von ihm was verlangen? Nein, er schwieg lieber, er wartete ab.

Der Elektroingenieur schlummerte weg. Als er am Nachmittag erwachte: war er immer noch allein. Er starrte zur Decke, die Hände auf der Brust gefaltet: Oben an der Decke formierten sich grieselige Nachbilder zu regelmäßigen Tapetenmustern – als lauter graue gleichgerichtete Pantoffeltierchen bildeten sie wimmelnde Rauten. Was war das nur? Er murmelte: »Die sind ja alle geklont! Die sagen alle das Gleiche! In sich dauernd wiederholender Beglaubigung: sind sie schon tot.«

Ach ja! Er war krank. Er hatte Fieber. Doch eigentlich: fühlte er in sich einen schmerzlichen Widerwillen. So etwa, wie man sich fühlt, wenn man in Callcentern festhängt. Oder wenn das Internet wieder mal nicht funktioniert. Und wer hatte zu ihm gesagt, er wäre ein »digitaler Autist«? »Bei dir schlägt jeder Versuch, dich ei-ti-mäßig zu betätigen, todsicher fehl! Du verstehst das nicht, genauso wenig wie der analoge Autist Gefühle und soziale Beziehungen versteht!« Es stimmte: Er konnte machen, was er wollte, auf seine Eingaben in den Masken kam immer »Falsches Passwort!« oder, in der schwammigen Unbestimmtheit der Titulierungen in dieser Welt, auch mal »Kennwort nicht gefunden!«, »Diese Nummer ist uns unbekannt!«, oder, jegliche Scheu vergessend: »Deine Sitzung ist abgelaufen! Melde dich neu an.« Dann ging alles von vorne los, und wenn er den entscheidenden Punkt erreichte, hieß es: »Deine Sitzung wurde wegen Zeitüberschreitung beendet!« Warum konnte er keine Folge von zehn bis zwanzig Zeichen richtig eingeben? Berücksichtigte Groß- und Kleinschreibung nicht? Fügte Leerstellen ein, die nicht erlaubt waren – manchmal aber doch?

Diese Gedankenflucht und ihre Korrespondenz mit der digitalen Elektronik machte ihm endgültig klar: Er konnte nicht gesund sein. Das waren alles halbe Fieberträume! Die das Unverarbeitete aufstörten und wie im Traum in Sätze und Bilder kleideten: unangenehm, bedrückend, störend. Und immer von dem Gefühl begleitet, als wäre es bloß die Hälfte, als stünde er noch außen vor, isoliert und vor dem Geheimnis. Eindeutig: Das war eine ziemliche Grippe! Ja! Die Mandeln waren dick geschwollen.

Dann schüttete er zwei Kannen Tee nach. Er hatte nichts gegessen, so schwenkte ihn der eintretende Schlaf in Bewusstlosigkeit. Regungslos lag er unter der Decke, als müsse er nicht mehr atmen, müsse sich nie mehr bewegen. So schwer war sein Leib geworden.

Er erwachte um vier Uhr früh und fühlte sich ein wenig besser. Wie war er froh, noch einmal vier Stunden schlafen zu können: Er drehte sich um. Dieses Mal war der Schlaf erquicklicher.

4. PACKUNG

Kaum hatte er am nächsten Morgen das Haus verlassen – und nach hundert Metern noch mehr! – stellte sich in ihm eine breit nachschleppende Aspirin-Ruhe ein: Er fühlte sich in der kalten Luft rundum wohl, er wurde gut aufgelegt! Angeregt äugte er vor der Haltestelle um sich: Dort saßen in der trüben Kälte ein paar Biertrinker, sie hielten ihre Blechdosen mit schwarzrandigen Fingern umklammert und sogen immer wieder – zwischen ihren stark nach unten gebogenen Fingernägeln – kleine Schlucke heraus. Die Straßenbahn klingelte, sie warnte die Vorwitzigen, die vor ihrer Schnauze noch schnell über die Straße springen wollten: Quietschend hielt sie an, die Türen gingen schnaufend auf. Und Oktus Murrmann trat zufrieden aus der zugigen Haltestelle in den durchwärmten Raum des Fahrzeugs.

Während er sonst immer die Plätze gemieden hatte, wo die Telefoniererinnen und Musikhörer saßen, steuerte er nun mitten in ihr Getümmel hinein. Freundlich musterte er die Kopfhörer, sah lebhaft vor sich das Ohrenschmalz, das an ihnen klebte: Reminiszenzen daran bildeten die weißen Drähte, die lustlos gebogen aus den Ohren heraus sudelten, vermutlich ebenfalls schon lange ranzig bemakelt. Wieso hielt er das heute so gut aus? Im Hochgefühl des abklingenden Infekts oder Aspirin-gestärkt wie in Watte? Er legte den Kopf zurück: Heute konnte es geschehen.

Oktus nickte und schnaubte, humoristisch angestochen, im Sound der eben sich schließenden Straßenbahntür mit. Dann sondierte er die Vielzahl der Drohnen und Arbeiter-Bienen, die ihre *telefonini* beleckten: Er freute sich der blinkenden Displays an ihren Mündern, zollte den über die Tastaturen zuckenden Daumen der Pennäler Beifall. Selbst das Gezirpe der Spiele-Untermalung kam ihm heute vor wie leiser Vogelgesang. Wie im Wald! Als eines der Mobiltelefone einen Anruf meldete, war es ihm, als dürfe es gar nicht anders sein: endlich! So musste es sein in den öffentlichen Verkehrsmitteln, die keine Straßenbahnen mehr waren, und in denen selbst Kinder zu »Usern« wurden: Sie hielten sich hier nicht mehr alle im gleichen Wohnzimmer auf, nein, sie steckten alle in der Telefonzelle von Laurel und Hardy fest! Und alle merkten: Da ruft jemand herein! Laut und vernehmlich!

Die in diesem Fall – ja! das war ein »Fall«! mehrfach! – Angesprochene hatte ein sogenanntes personalisiertes Signal, ein tiefes dissonantes Motorradbrummen, das tonnenschwer mit 1000 Kubikzentimeter Hubraum den Straßenbahnwaggon durchdröhnte: Nun begann sie in einer überdimensionalen Basttasche zu suchen, fand die röhrende Biker-Geräuschquelle nicht! Trug sie gar ihren halben Hausrat mit sich, weil sie so wühlte? Schließlich artikulierte sie aber voll durchdringender Inbrunst in das nach langwieriger Expedition gefundene Niemandsland des Mikrofons hinein.

Oktus kratzte sich hinter dem Ohr, suchte rundum Blickkontakt, er meinte, damit würde er von anderen Mitnutzern erfahren, was sie davon hielten: Welch ein Irrtum! Alle starrten nur vor sich hin.

Die ins Spiel versackten Schulkinder störte das überhaupt nicht, ihre Daumen zuckten links und zuckten rechts über die Knöpfchen und Pünktchen, mit denen sie ihr Game »bedienten«. Oh, wie war man doch wichtig, wenn man erreichbar war, in der Dose der Straßenbahn, in der Blechschachtel der Telefonzelle, die man auf dem Rücken mit sich trug wie die Schnecke ihr Haus! Da kroch man in die Ammoniten-Spirale, um sich einzuringeln, *incurvatus in se*, da legte man sich Ohrenschützer an, um zu hören, aber was!

Und: Wie waren doch die Mitteilungen bedeutsam! »Ich bin gerade eingestiegen und sitze in der Vier.« »Jetzt sind wir gerade an der Hessischen Straße. Ich glaubte schon, ich hätte meine Scheckkarte verloren, fand sie aber dann doch noch, weil sie tief in das Fach gerutscht war.« »Ich schätze, ich werde in einer Minute aussteigen, dann komme ich nach Hause.«

Bitter stieß es Oktus auf, dass hier die existentielle Tragik menschlichen Seins verloren war, gerade so wie in Mailand, als der so exakt rasierte Bärtige telefonierte, in seinen Blue Jeans, die bis zu den Knien dunkler, weil durchnässt waren: Dieser bloße Alltagsmischmasch entbehrte jeder Höhe und Tiefe! Warum sagte nie einer: »Ich habe mich gerade vor einer Minute aus unserer vormals gemeinsamen Wohnung entfernt – nie mehr werde ich sie betreten! Denn du telefonierst dauernd, das hängt mir zum Halse heraus – vor allem, dass jedes Gespräch mindestens eine halbe Stunde lang sein muss, Limes gegen unendlich! Und ich renne jetzt ins unerforschte Niemandsland, wo Schutzschirme gegen Strahlungen und Sendungen aller Art, ja mehr als ganze Ionosphären und Van-Allens'sche-Gürtel gegen jede Welle und Vibration und Teilchen errichtet sind! Heim komme ich also: nie mehr! Ich will nur noch Gast werden in der fremden Stille!« So ein Gespräch hätte ihn befriedigt: Und er hätte sofort mit jenem Menschen vertrauensvoll zu reden begonnen, und sie wären sich eins gewesen wie die engsten Freunde, vielleicht für immer.

Murrmann sagte sich: Heute kannst du allen diesen so sehr Beschäftigten freundlich zunicken. Heute kannst du den Sprechern kerzengerade auf den Mund schauen, lächele sie an, gib alle Zeichen von dir, wie sehr dich ihre Interaktionsfreudigkeit vergnügt. Ich unterlasse es heut' durchaus, mich mit anderen, die, wie ich – und früher! – sich gestört fühlten, per Augenrollen auszutauschen, was das alles für »Halb-oder-Ganz-Debile« sind! Er fühlte in seine Tasche: Nach seinem neuen Diktiergerät, das so schmeichelnd in der Hand lag wie uralter Ebanit oder glatter Bakelit. Jetzt bog die Straßenbahn in eine Straße, von der wusste er, dass dort bereits häufiger Verbindungen abgebrochen waren, und – im Vorgefühl voller »satisfaction«! – drückte er den schönen Knopf, den er eigens für diesen Nutzen sorgfältig ausgewählt hatte! Der war weiß und rund gewölbt, gut und angenehm mit dem Daumen bedienbar – er glitt sacht und wie von höherer Hydraulik bewegt ins Innere des Gehäuses. Geräuschlos.

Wie auf ein einziges imperiales Kommando rissen sich alle Geräuschgenießer die Ohrenstöpsel aus den Gehörgängen! Einer, der um und um tätowierte Glatzkopf, schrie schmerzverzerrten Gesichts auf, rieb sich das Ohr, das blutrot wurde: Anscheinend hatte er gerade rechtsradikal lautes Trommeln goutiert und nun kam die eingestellte Lautstärke geradezu wie ein schlechtes Karma zu ihm zurück und traf ihn wie der Hammerschlag des von ihm so hochverehrten Thor. Und auf den Gesichtern der Telefoniererinnen malte sich in der gleichen Zehntelsekunde eine seltsame Leere: Sie lauschten wie in einen resonanzlosen Abgrund hinab, wie der Lehrer, der sich vergeblich vor desinteressierten Schülern produziert – und nie ein Feedback erhält. Der Mund der so sehr zum Lauschen Gezwungenen öffnete sich leicht und rund, die Augen, ja!, auch die Pupillen wurden größer, der Kopf beugte sich leer herab, sozusagen um noch das letzte Geheimnis aus einer eingetretenen absoluten Totenstille herauszulauschen – gerade so, als bögen sie sich ihren plötzlich ins Nichts verschwundenen Gesprächspartnern zu, um ihnen so das So-Schwer-Verständlich-Gewordene und nunmehr Kommunikativ-Geräuschlose in einem letzten misslingenden Versuch abzuringen. Mehrere von ihnen riefen wie im Kanon und Chor: »Hallo? Hallo! Bist du noch da?« – Man hatte sie geradezu teuflisch unterbrochen.

Langsam realisierten sie, dass sie keine Verbindung mehr hatten, sie beutelten sich ein wenig in Resignation, blickten leer im Abteil herum. Genau dafür war das Wort »Funkloch« passend erfunden worden!

Oktus dachte bei sich: Das ist meine Rache! Jetzt seid ihr da, wo ihr eigentlich nicht wart – und das nennt man: Realität! Aktualität: Das ist der feste Grund, von dem aus ihr in das Erlebnis-Transzendente hinüber spüren könnt! Das entgeht euch ja ständig! Viel mehr noch als das Erlebnis selbst! Fallt also heraus aus der Virtualität in die Linie Vier! Wie schmeckt das? Fühlt ihr: »Boden«? Euch treibe ich die subjektive Wirklichkeit noch gänzlich aus! Euch, die ihr keine Ahnung von Bedeutungsvielfalt habt: Weil ihr alles so genau wisst. – Seine innere Eruption: war kriminell gut.

Doch an dem Anfang, an dem er stand, war er noch nicht ganz entschieden, war er noch nicht ganz sicher – so wollte er schnell Nachsicht üben: Da ließ er den Knopf los! Die Geräusche hoben wieder an, die Hörerinnen stöpselten sich ihre konischen Hörrohre wieder ein – wie vormals Ertaubte, die ihre absurden Schalltrichter übers Mittagessen richten – die Telefonierer rechtfertigten sich schon einmütig, dass da wohl »eine schlechte Verbindung« gewesen sei. Wenn das nicht Gleichschaltung war! Wie in China bei der Abstimmung! Zuerst sitzt man exakt ausgerichtet in tausend Reihen beieinander, keiner verzieht eine Miene, dann applaudieren alle im Gleichschritt, es werden massenhaft Fahnen der Parteiräson geschwenkt, und über allem formte sich das Bild: des großen Panem-Tribuns, des Di-Bal! Eines ist klar: So kann es immer beim Reden bleiben.

Doch – welches Verbrechen! welche bösartige Verschrobenheit! – es drückte Oktus Murrmann den gleichen Knopf jetzt noch zwei Mal kurz! Eins! Zwei! Da fingen alle abgeschalteten Handys in der Straßenbahn an zu klingeln! Alarm!

Sie dudelten ein kakophonisches Jingle-Chaos, Marschmusik, Klassik, Motorradgeräusche, Hits, Kinderlieder, stießen dazu allen möglichen Lärm-Unrat hervor, und ABBA schrie auf einmal »Waterloo«. Aus allen Ecken!

Kamen die Preußen doch? Bei den Dezenteren schnurrten oder summten die deprivierten Geräte nur, sie wurden nun in eckiger Hast eilends aus ihren Verstecken gerissen, das ganze Abteil nahm ab, lauschte atemlos: Es kam: nichts.

Nichts!

Das war hier wahr geworden: die Wahrnehmung des reinen Nihilismus! Anrufe aus der Tiefe des unendlichen Nicht-Seins! Und zwar massenhaft, man bedenke! Jede Erfahrung, ins immer weiter sich auftuende bodenlose Nichts lauschen zu müssen, prägt sich tief ein. Warum? Weil sie weh tut. Weil sie den Hörer erfahren lässt, dass die Grenze des Hörfunks so unfassbar weit entfernt liegt, jenseits alles Ermessbaren. Und wie im gekrümmten Raum durchlauschen Trommelfell und Hammer ein unendliches All, und kehren schließlich, nach ewigem Flug, schmerzvoll zu sich selbst zurück, befragt, bezweifelt, entwürdigt. Ohne Ertrag. Denn niemand wagt, jemanden anzusprechen und ihn gleich links liegen zu lassen. Die geweckte Aufmerksamkeit schreit unbedingt nach Fortsetzung.

Gleichzeitig aber setzte in dem anderen Teil des Apparatewesens – das ist in den Kopfhörern! – erneut der infernalische Lärm ein. Dieses doppelte Niederdrücken des Oktus setzte also ein zweiastiges Programm in Gang. Jetzt sprangen die Hörerinnen unisono stimuliert auf, die Kabelteile baumelten schon wieder herunter, sie hielten sich die Ohren. Und die scheinbar Angerufenen sprachen durcheinander in ihre Handys, ein paar Schwerhörige schrien überlaut, sie meinten wohl, jemand spräche und sie verstünden ihn nicht. »Wer … ist … dort?« – Man kann diese Szene nur nennen: ein heilloses Delikt!

Das stammelnde Kauderwelsch füllte die Vier, das Gelausche ins Leere frappierte, die verwirrten Lärmgenießer standen gebrochen und fragend im Raum, drapiert mit ihren baumelnden Ohrstöpseln. Alle traten nun »in neue suchende Verbindung« mit ihren toll gewordenen Geräten, sie schüttelten sie, sie wischten auf den fleckigen Displays herum, schwenkten sie vor den Augen hin und her, sie regelten vergeblich an Lautstärke-Ringen herum, einige allzu schnell Verzweifelte hüllten die Handys in Schals, warfen sie zuunterst in die Körbe, häuften die Einkäufe oder die Mitbringsel darüber: Man kann es nur als die Eschatologie der Telefonie bezeichnen! – Oder war Oktus Murrmann noch gar nicht so weit? Handelte es sich erst um eine Vorstufe? Wollte der gar noch eine dritte Stufe anrichten?

Beim dritten Mal ließ Oktus Murrmann den Finger lange auf dem weißen Knopf, er pochte, angeregt durch einen recht originellen Handyton, nun auch als Schicksal aus Beethovens Fünfter an die Türe – Ta Ta Ta Taah, Ta Ta ta Taah! Er war der Einzige, der selbst das Fatum im Griff hatte: Geradezu triumphierend blickte er um sich, sein Herz schlug ihm bis zum Hals, der Erfolg beflügelte ihn, er war: glückstrahlend. Es strudelte in ihm: Ich werde euch lehren! Ich bringe euch in die Realität zurück! Ich zerstöre eure virtuellen Welten, euer subjektives Wohlgefühl, eure Heimat im Geschwätz und Nullität, und das gefühlig-gemütliche Suhlen im eigenen Gelaber! Aus und vorbei ist es mit eurer Telefonzelle, dem Schneckenhaus, das ihr mit euch tragt, kümmert euch um euren Bauch und die Glieder und um das Herz und die Fäustlinge! Diese Tirade rauschte ihm dermaßen durch den Kopf, dass es ihn fast vom Sitz gerissen hätte. Und er musste sich hüten, seine Botschaft in den chaotisch gewordenen Waggon hinaus zu schreien. Ekstase durchflog ihn! – Das musste das lange Fasten und das Aspirin gewesen sein.

Dann stieg er aus. Da hatte er gleich wieder Grund zu strafen: Ein verwirrtes junges Mädchen trat ihm vor die Füße, dumm vor Bezauberung strahlte sie, während sie auf ihr *liquid crystal display* einsprach. Er musste abrupt stehen bleiben, um sie herum gehen, denn sie tat so, als müsste sie im Bann ihrer Anzeige die Entgegenkommenden nicht beachten! Da durchzuckte sie gleich von ihrem Mikrofon her ein Brummton, wie eine überdimensionale Trägerwelle aus den Tiefen des Infraschalls! Entsetzt hielt sie das Handy von sich, entgeistert blieb sie stehen: Ihre Verbindung war unterbrochen und der vibrierende Ton sprach zu ihr, wie die gewitterige Sprache der Elefanten aus unendlichen Weiten, von Wortbildungen vor aller Artikulation! Ein Blitz war niedergefahren, und ein röhrender Donner hallte nach, rumpelte. Ihre Hand mit dem Handy zitterte!

Schon ließ Oktus seinen berühmten und so gut handhabbaren Knopf wieder los: Da war ihre Verbindung wieder da! Murrmann, der Verbrecher, der Totschläger des Redens, dachte keine Sekunde daran, das wäre ein Wort-Mundraub gewesen! Vergleichbar dem Diebstahl elektrischen Stroms und noch viel mehr als das! Er rechtfertigte sich: Freundschaften, die sich auf Handy, das Internet stützen, die taugen ohnehin nichts! Recht so! »Ich werde euch beim Treiben von Nebendingen erwischen«, zitierte er den Professor Rath von Heinrich Mann laut zum Rathausturm hin. – Das war recht nahe an der Verrücktheit!

Am Abend aber sprach Wjandotta auf ihn ein. Wie immer stand sie im Bad, vor dem Spiegel, und kämpfte mit der Reinigung ihrer Haarbürste. »Du glaubst wohl, dass deine *éducation répressive* gelungen ist?! Ein Mist ist sie! Deine Schwarze Pädagogik! Denn wenn du wieder aufhörst mit ihr, und sogar schon vorher, dann kannst du das Telefonieren genießen! Warum wohl? Das kann doch nicht sein: Einmal macht es dir was aus, aber wenn dein Mütchen gekühlt ist, dann – nicht.«

»Ich genieße das Telefonieren gar nicht! Ich rege mich dann bloß nicht mehr darüber auf! Ich kann es aushalten!«

»Und du glaubst, das genügt? Du bleibst ja schon vor der Hälfte des Weges stehen! Und so soll die Priorität des Telefons gemäßigt werden? Und die Unverschämtheit der Werbung? Der melodielose Dauerlärm unbegabter Sänger? Das Gepiepse weiblicher Sternchen, das nur im schamlosen Hüftschwung der Stripperinnen funktioniert? Der Rap, der infernalische Brachialitäten erkünstelt? Der Unsinn geht weiter, und du erlaubst es! Soll das alles ungestraft bleiben?« Sie unterstrich ihre Worte mit dem Wurf ihrer Zahnpastatube in das Waschbecken. Und klapperte demonstrativ dazu mit einigen dumpfen Schlägen des Abfalleimers, dessen Maul sie mit Tritten auf und ab klappte.

»Was soll ich tun?«, fragte Oktus Murrmann etwas elend, und wie in seine Mandelentzündung und in einen aufkeuchenden Husten zurückfallend: »Ich kann mich auch nicht um alles kümmern!« An dieser Stelle war er wirklich: hilflos.

»Du musst ein Signal finden, das alle Reklame und alle öffentliche Lüge: markiert! Mit dieser Markierung kannst du, wenn du sie feststellst, dann automatisch alles Unwesentliche abschalten: Du drückst deinen Knopf und vorbei ist die Belästigung! Die ganze Welt erwacht aus ihrer riesigen Reizüberflutung! Und die Schüler können sich wieder auf den Lehrer konzentrieren! Die Daumen erholen sich, denn sie sind nicht zum Nachrichten-Schreiben geboren, sondern zum Greifen! Und für Bäume! Ruder! Seile!«

»Wjandotta«, antwortete Oktus, »du bist heute aber scharf! Was stellst du für Ansprüche? Denen werde ich ja nie nachkommen können! Wie soll denn das funktionieren? Dann müsste ich alles vernichten, was wesenlos und Zeitvertreib ist – nur weil du so nach Niveau lechzt?«

»Schau dir doch die Politiker an und höre zu: Die stoßen doch immer mit der Zunge an. Oder?«

»Ja, das stimmt. Das ist mir auch schon aufgefallen. Das klingt immer ein wenig, als wollten sie uns verkohlen!«

»Also dann hast du es doch: Das ist sozusagen das Hauptthema und die Erkennungsmelodie der Lüge, der Schauspielerei, der irrelevanten Ablenkung: Und die wirst du unterbinden! Die kannst du einfach: abschalten! Ohne Skrupel!«

»Ja, soll ich denn die Bundeskanzlerin verstummen lassen? Was stellst du für einen Irrsinn in den Raum? Und zugleich ihren Vorgänger aus der Rede-Welt verbannen? Und den Vorvorgänger noch mehr? Und erst den Hanseaten, der sich immer so wichtig nahm und das S-T so akzentuiert sprechen konnte! Ich kann doch nicht die ganze BRD-Geschichte ausradieren und alle Übertragungen von früheren Reden des Deutschen Reichs! Damit die historischen Fernsehberichte, Fernseh-Moderatoren, Talk-Shows! Ja wohin führt denn das? Vielleicht müssen sich Diplomaten einfach auch so geben? Statt offen zu reden, lispeln sie, weil sie sich zurücknehmen, weil sie ihr Wort ganz kontrolliert setzen: Wie soll ich denn differenzieren zwischen dem diplomatischen Wort und der Propaganda-Lüge? Zwischen der unverschämten Werbung und der Predigt des Guten?«

»Ja, da sieht man es, wie weit man mit der sogenannten digitalen Wirklichkeit kommt: Vor den wirklichen Fragen versagt sie, genauso wie das Telefongespräch. Sokrates hat auch nicht mit Seneca telefoniert, und Thomas von Aquin nicht mit Schopenhauer! Und Kaiser Nero singt nicht mit Sinatra!« Wjandotta: Die hielt sich einfach an keine Logik. Die sagte freiweg raus, was ihr einfiel. Es war immer das gleiche Lied: keine Diskussion, sondern Assoziation. Und unverschämte Forderungen stellen.

»Wjandotta, du redest, wie so oft: wirr. Wohin willst du mich treiben? Jetzt könnte ich mich heute zufrieden ausstrecken, ruhig und zufrieden fernsehen: Da schreist du hallend aus dem Bad herüber und verlangst so viel, so unendlich viel mehr … Das ist ja reine Überforderung!«

»Pah! Besser wäre es gewesen, du hättest mit deinen paralysierenden Experimenten gar nicht begonnen! Jetzt sitzt du in der Falle: Du musst weitermachen. Das ist deine Sucht! Und von der kommst du nicht mehr los. Du bist ja ein Bedeutungs-Junkie!«

»Dieses Gewäsch«, schrie Murrmann, plötzlich in Harnisch geraten, wohl weil er von der Grippe noch ziemlich geschwächt war, »kommt mir jetzt vor wie eines dieser nutzlosen und hirnlosen Telefonate! Was blendest du mir da herein? Solche regellose und ziellose Herummorserei – das betone ich aufs Entschiedenste – verbitte ich mir! Was verlangst du da!?«

»So so! So geht das nicht! Jede Antenne bringt Verantwortung! Jede Leitung bringt Aufgaben! Das ist genau der Grund, warum die Leute am Telefon im Geschäft eher bedient werden als die persönlich Anwesenden: die Telekrätze hat Priorität! Sie bringt einfach das Bedeutsame, das Aufgeladene: zum Tragen! Das Betriebssystem übernimmt! Und das: ist – ein System! Und du bist ja bloß: ein reales Würstchen! Dir fehlt die Weihe der infektiösen Virtualität! Denn bald wird alles anders sein: Und wenn die kristalline künstliche Intelligenz da ist, dann zählt die menschlich-spirituelle Fluidität gar nichts mehr!«

Murrmann zuckte zurück. Das war vielleicht sein wundester Punkt! Und den kannte natürlich: die Wjandotta! Gerade die Wjandotta! Sie lenkte völlig unlogisch in ein Thema hinüber, das ihr behagte und das ihm weh tun würde. Denn eben das, was sie gesagt hatte, das wurmte ihn schon dermaßen … lange! Er merkte gar nicht, wie er den Unterkiefer vorschob und zubiss: Aber es war so viel bittere Ironie in ihm, dass er am liebsten auf ihr Übergewicht angespielt hätte, oder auf die zu kurzen Unterschenkel, die nicht mehr reparierbar waren, oder auf den aus der Reihe getanzten Eckzahn, wegen dem sie sich ein so dezentes Lächeln angewöhnt hatte. Es gärte in ihm, denn es gab so viel Bitteres zu schlucken, er hätte ihr das allzu gerne heimgezahlt.

Zudem glaubte er nicht im mindesten an etwas wie die Künstliche Intelligenz. Ihm schien dieser Begriff überhaupt zu leicht verwechselbar mit Künstlerischer Intelligenz. Oft schon hatte er danach verlangt, sie in robotischen oder automatischen oder binären Schematismus umzubenennen: aber die dafür verantwortlichen Firmen hatte eben zu gute Werbeabteilungen! Und ganze Stockwerke voller Wächter über den »Guten Leumund«! Und die lancierten nun dieses nichtssagende Produkt, lügnerisch, wie alle die anderen genauso schwindelhaft beworbenen Erzeugnisse! Man erfindet eben einen schönen Namen für ein wesenloses Ding, nimmt den Namen eines Erzengels für ein Waschmittel, oder eine unverständliche Abkürzung, die auf uralte Zoten anspielt: Schon ist man fein raus und hat etwas Begehrenswertes! Man provoziert die Libido! Und schon versammeln sich ganze Wirtschaftszweige, einige wenige gut Bezahlte und viele, die hoffen, ebenfalls bald in Geld zu schwimmen, oder zumindest das Wohlwollen ihrer Chefs zu erreichen: Und gegen diese Masse war schwer anzukommen! Denn sie spielte mit den Instinkten, den Trieben, den polymorph perversen!

Diese Organisationen hatten in dem Zug ihrer Propaganda-Lüge bereits das Verhalten geändert: Oktus hatte erst kürzlich erlebt, wie eine Verkäuferin telefonierte und telefonierte, und ihn warten ließ. Überhaupt, in jedem Geschäft – mit ruhmvoller Ausnahme der Metzgereien und Apotheken! – fingerten die jungen Leute hinter der Theke an ihren iPhones oder Androids herum, und er kam sich vor, als würde er da nicht mehr hinpassen, als wäre er bloß eine Hinzufügung, weniger eine zweiter Klasse, höchstens eine dritter – nein richtiger! – eine vierter! Er, der dabei stand, er war nur noch ein Anwesenheits-Proletariat, ein verächtliches Präsenz-Prekariat, das eine unzumutbare Serviceleistung abverlangte. Ganz im Gegensatz zu jenen Bevorzugten, die mündlich zu befriedigen waren! Cunnilingus mercantilis! In ein so hohes Ansehen war das Telefonieren und die Information und die vermeintliche Intelligenz aufgestiegen, darum gab es ja auch keine intelligente Schicht mehr, keine »Intelligenz« als soziologische Kategorie: Das eidgenössische Natel, die asozialen Netzwerke, die Computer und das Internet hatten sie vernichtet, die Aura, die das Digitale verströmte, hatte sie hinausgeprügelt, jetzt saßen sie auf dem analogischen Altenteil! – Luigi Galvani hatte recht: Die kleinen Froschschenkel zuckten bei jedem Blitz, Großhirne aber brauchen eine andere Energie. Die Froschschenkel zuckten sogar noch, als die Frösche schon tot waren und erzeugten so die Illusion einer Lebensenergie, unabhängig von ihrem individuellen Träger. Nichts als Lug und Trug!

Wjandotta wusste das schon lange, und sofort ließ sie vom Stapel. »Bist du nun eher/ deiner Aufgabe ein Versteher? Du musst die Telefon-Herzen/ unermüdlich ausmerzen!« Sie reimte sogar! Und sie nahm kein Blatt vor den Mund: »Was ist im Angesicht dieser Aufgabe schon eine einfache Funkstörung! Steh doch dazu, endlich!«

Murrmann verteidigte sich. »Ich kann doch das Telegrafieren nicht abschaffen: Wie soll ich die Elektronen beauftragen, nicht mehr zu elektrisieren? Die Photonen, nicht mehr zu leuchten? Das wäre doch die Verwandlung in die dunkle Materie? Dann bricht alles nieder! Zum Schluss geht noch, wie in *Star Gate*, die Tür zu anderen Ereignishorizonten auf, die Menschen vervielfältigen sich zu lauter gleichen Parallelwelt-Kopien, in denen jede und jeder für eine andere Geschichte steht: Und wer löst dann die hoffnungslose Unzahl aller eingetretenen Zeit-Paradoxa?«

Wjandotta sagte: »Jetzt wieder/ hast du Fieber. Es ist nun am Abendherd/ der Gripperest zurückgekehrt!«

Oktus Murrmann legte sich hin. Und es erschien ihm als ein bestürzendes Unding, dass jemand seine eigene Zeugung arrangieren konnte, nämlich einen Blitz herbeispulen, der den eigenen Schenkel zucken ließ, und der einen zurück in die richtige Zeit voraus warf! Wenn das nicht eine Metapher kaum zu steigernder Dekadenz war, mehr als jeder Inzest! Und ein Messer der Absurdität! Das konnten doch nur Fragmente einer zerbrechenden Physik sein, ein Stammeln in Vorläufigkeiten, denen die klare Sicherheit und die rationale Ruhe fehlt: Weil die Theorie eben erst Hypothese ist und die Schlüsse keinen gültigen Rang erreichen.

Mein Gott!, dachte er. Was hat uns dieser Galvani eingebrockt! Mit seiner Zufallsentdeckung im November 1780. Dann schrieb er es auch noch auf, der Patzer: *De viribus electricitatis in motu musculari commentarius.*

Aber was konnte der Galvani schon dafür? Das Missverständnis erfolgte ja viel später. Wann genau ging das los? Wann genau begann alles in einen »animalischen Magnetismus« hinüber zu rinnen?

5. PACKUNG

In dieser Nacht hatte Oktus Murrmann einen Fiebertraum: In dem musste er fortwährend und ständig wiederholt das Eine an das Andere binden. Und das geschah immer in der Gefahr eines alles sprengenden Kurzschlusses! Dabei kletterte er im Baum der Entscheidungen immer höher, zu immer abstrakteren Ebenen, stand zum Schluss vor dem allerletzten Zwiespalt, der großen Polarität von Sein und Nicht-Sein. Wie Anode und Kathode! Das waren die Exponenten der zwei letzten Zustände! Da umknisterte ihn eine so geladene Luft und eine so krachende Spannung, dass er es nicht wagte, eine Leitung zu legen, denn er dachte: Wenn es da zur Verbindung kommt, dann bin ich tot. Das gibt den schmorenden Kurzschluss.

Dieses Bild verfolgte ihn seit seiner Jugend: Es veränderte sich nie. Schwer atmend erwachte er: Gott sei Dank, es war wieder nur der Traum gewesen! Der Alptraum der Verbindung, den die Amöbe nicht kannte: Denn durch sie strömte alles durch, von A nach Z, für sie gab es kein Alpha und Omega! Er aber war in Komplexitäten gefügt: Da stieß so Vieles aneinander, und suchte Platz, und wollte von Stufe zu Stufe umfassender synthetisiert sein! Und arbeitete sich auf das Letztgültige zu: Die Dualität vor der Einheit!

Er stand auf und ging in der Wohnung umher. War er noch nicht richtig gesund? Oder hatte er etwas Schweres gegessen? Brauchte sein Darm eine Anregung, die Peristaltik in Gang zu setzen? Hatte er nicht einen Käse zu sich genommen, den guten Original Emmentaler, zu spät, und ganz unbewusst viel, während die Wjandotta ihr ausgedientes Badewasser über ihn geschüttet hatte? Das war es gewesen!

Er ging also einige Minuten in der Wohnung auf und ab: Dabei schaltete er das Nachtprogramm im Fernsehen ein. Doch dem Bildschirm entsickerte Verstörung: Auf dem einen Sender lief

Superman, auf dem nächsten Batman, auf dem nächsten Spiderman, auf dem nächsten Meerjungfrau-Mann und Blaubarschbube, auf dem nächsten Mutant X, auf dem nächsten Mister No, auf dem nächsten waren alle übernatürlichen Kräfte in verschiedensten Personen versammelt, in Hexen, Vampiren, einer Zombie-Detektivin, und der bezaubernden Jeannie, und und und …! Schnell machte er aus! – War denn der ganze Fantasy-Sektor so einträglich, dass die Filmindustrie ihr Geld tonnenweise dafür hinwarf? Und waren nicht einmal die besten Erzeugnisse der Literatur frei von diesen unerträglichen Fantasy-Elementen?

Warum dann immer gleich die Story vom Übermenschen? Hatte die sich nicht mit dem Herrn Nietzsche erledigt? Aber lag nicht das Sauriermuseum bei der Nietzschestraße? Gab es etwa die politischen Attitüden der vermeintlichen Herrenrasse noch? Und ihrer Germanistik? Musste es nicht genderkorrekt Herr*innen-Rasse heißen? Geradezu verzweifelt kramte er nun nach Superfrauen: Aha, es gab Catwoman! Und wen noch? Katniss Everdeen passte da nicht: Die war ja zu differenziert? Und viel zu traurig!

Und warum wurde die Idee vom Superman erst 1938 von einem Verlag angenommen? Und zuvor – jahrelang abgelehnt! Eine eigenartige historische Parallele! Hoffentlich bedeuteten diese Gleichzeitigkeiten nichts Ähnliches für die: Heutigen! So sprach es in ihm. Denn seit Jahren nahm seine Kriegsfurcht zu: Parallel zum ubiquitär werdenden Auftreten der Supermänner, parallel zur neuen Verherrlichung von Maschinen, vor allem jenen, die aus Explosionen funktionierten. Gerade so wie das Weltall selbst. Urknall! Ein Kosmos? Konnte das wohl nicht mehr sein, wenn er mit dem Simpeltum der Detonation erklärbar war.

Nahmen nicht die Waffennarren überproportional zu? Ebenso wie die Terroristen? Da fiel ihm ein, wie sehr sich sein Vater gegen die Anschaffung des Telefons gewehrt hatte. »Da kommt die Unfreiheit ins Haus!« So hatte der gewettert. »Jede Leitung ins Haus herein – muss man fürchten! Wer weiß, wer einen da abhört! Und ständig ist man erreichbar: Da ist es aus mit der Ruhe! Jeder Idiot kann dir Unsinn melden! Klingelt dich an, und du musst Gewehr bei Fuß stehen …« Endlos hatte der gewettert, doch die redselige Mutter hatte schließlich, wie immer, gewonnen. Dann stand das Teufelsding auf dem Schreibtisch: Und man musste ständig mit Störungen rechnen, alleine das reichte schon. Wie oft drohte sein Erzeuger damit, er werde im Garten nach dem Kabel graben, es durchreißen! »Ich haue das Zeug aus der Wand, den Dreck! Der einem jede Sekunde der Ruhe vergällen kann.«

Und Oktus stimmte ihm nun völlig zu und er war sich sicher: Wie recht hatte sein Vater damals gehabt! So öffnete man dem Unkontrollierbaren die Tür! So setzte man sich der Urflut und dem Chaos aus! So verzichtete man: auf sich selbst! Und genau darüber vergaß er seinen Fiebertraum.

Jeder Telefonanrufbeantworter kann tausendfach besprochen werden; tausende E-Mails können am Tag eintreffen; Mail-Boxen können tausendfach vollgeladen werden; dazwischen erklingen die Meldungen der verschiedenen Handys, familiär gehortet! Und dazu noch das Festnetz! Selbst in der E-Mail gibt es eine Sprachbox! Dazu kommt dann noch der Piepser, dass man immer erreichbar ist! Und rundum sitzen Arbeitskollegen, die ebenfalls alle Tore offen haben und ihren Müll, mit dem sie selbst nicht fertig werden oder einfach: den sie loswerden wollen, einem – man ist ja gerade immer der nächstbeste! – zuschieben. Das gerinnt zum Zustand der Belagerung, die Verstopfung der Kanäle, alles voll Information: Und da helfen keine von oben herab geschütteten Töpfe mit siedend heißem Pech – gegen solche Brechbalken nützt kein Pfeil, Pestleichen fliegen schon daher, geschossen von unerbittlichen Kommunikationskatapulten – die Übermacht wird erdrückend, die Mauern geben nach, wie heißen nur die Unholde bei diesem »Herrn der Dinge«, sie brechen herbei, überdimensional, es ist: »Sauron«! Mit seinen an Ketten geführten Trollen! Worauf wird dieser

Prozess noch hinauslaufen? Zum ferngesteuerten Cyborg, der nichts anderes als ein Terminator sein kann?! Wenn man das als ein orakelndes Symbol nimmt: Dann muss man um den Menschen fürchten.

Überhaupt ist ja die Bezeichnung »Trolle« noch viel zu liebenswürdig. Was sind sie eigentlich? In ein Zwischenreich zwischen Leben und Tod abgestürzte Urweltviecher, blutleer, bleich, oft an den Gesichtsausdruck von sogenannten Nerds erinnernd, wenn man sie aus ihrer binären Faszination lösen will!

Oktus Murrmann war kein Arnold Schwarzenegger, weder Übermensch noch Terminator, er war nicht einmal mittelgroß, sondern er war: klein. Sein Cord-Anzug, den er tagaus tagein trug, schrumpfte ihn noch weiter ein, wie eine stumpfe Haut. Und dazu kam seine grau werdende Krause, sein drahtiges Haar, das sich wie ein Fell, das nicht anliegen wollte, ständig in sich selbst zurück krümmte: Es stand auf seinem Kopf wie ein Fremdkörper. Unter der kurzen Stirn lagen seltsam erhoben seine dunklen Augen, wie verborgen unter eigenartig geraden Brauen und Lidern; und, zu seinem Leidwesen, seine Nase – die war nach rechts verschoben! Dazu krümmte sie sich auch: Sein Gesicht hatte wegen der Nase eine seltsame Asymmetrie. Und so war er: unattraktiv. Seine Stimme war fast meckernd hoch, sein Bartwuchs mehr als dürftig. Dazu hatte er einen ungemein knochigen Körperbau, und weil er mager war, traten seine Gelenke wulstig hervor, wie geschwollen, und man ahnte auf ihnen riesige starke Sehnen. Diesem Aussehen korrespondierte völlig mit seiner Wasserscheu: Wo er nur konnte, mied er die Berührung mit diesem Element, und das größte Gräuel waren ihm die Badetage im Sportunterricht. So lernte er nie das Schwimmen, denn an solchen Tagen blieb er bei seiner Wirtin zu Hause, und hielt lieber deren fordernde Gegenwart aus als das Eintauchen in eine Brühe, in der schon Tausende herumgerudert waren! Am schlimmsten aber hing ihm nach, dass diese seine Wirtin, die Frau Amöbia Morawecz, ihn damals in seinem Weinen am Telefon gesehen hatte. Wie ein Stachel bohrte das in ihm und er hatte beschlossen, nie mehr auch nur noch irgendeine Gefühlsregung vor ihr zu zeigen! So hatte er jene Blamage abgeschafft. Je mehr ihm das aber gelang, umso bohrender wurde die Erinnerung an diesen Tag des Gesichtsverlustes: Und er bereute ihn nimmermüde, und schämte sich, und wuchs empor zu einer Scham, die sich auf seinem Gesicht zeichnete wie in dauernder Verlegenheit.

Doch lassen wir die Reminiszenzen: Denn am morgigen Tag sollte eine Konferenz stattfinden, und wie immer um neun Uhr. War Oktus Murrmann nicht auch wegen dieses Treffens krank geworden? Er hatte es wohl im Voraus gespürt! Hatte er sich nicht eben wegen der furchteinflößenden Sessionen, die ihm Obsessionen wurden, gerne nach Hause und in die Krankheit zurückgezogen? Denn es stand die Kooperation mit dem neuen Firmenpartner auf dem Plan! Und Oktus Murrmann wurde dabei gebraucht: Als Elektroingenieur war er unerreichte Spitze, da machte ihm niemand etwas vor. Und sein Chef zählte auf seine Gegenwart in der Sitzung, er rechnete mit seiner Vorbereitung und seiner Einführung, seinem Durchblick: Wenn vermutlich irgendein geschickter Verkäufer kam, um ihm ein paar Millionen-Investitionen abzuschwatzen. Oh, wären diese Sitzungen nie gewesen!

Da kränkelten nicht wenige, die einen fieberten, die anderen hatten Schweißausbrüche, wieder andere Panikattacken, nur wenige rannten unkontrolliert hinaus – doch wer genoss diese Treffen? Die Bestimmer! Sie hatten die Obsession im Griff! Jene, die die Macht hatten! Sie schwelgten in ihren Funktionen, in denen sie so gelungen den anderen etwas »nahelegen« und aufdrücken konnten, das waren die Chefs und die künftigen Chefs. Sie kannten keine gesteigerte Temperatur, keinen Angstschweiß. Dick geplustert saßen sie in den Konferenzsesseln, mit gewärmten Hintern machten sie sich in imaginären Pascha-Polstern breit: Und sie bestimmten die Themen, den Ablauf, sie formulierten schließlich das Schlusswort – möglichst unbeeinflusst von all jenem, was man unter guter Gesprächsführung oder allseitiger Berücksichtigung verstand.

Wo warst du, Kooperation, wo bliebst du, Partnerschaft, wo verstecktest du dich, Brüderlichkeit!? In diesen Schlammkämpfen der Wortführung? Ihr drei, ihr passt nicht durch Leitungen, wer hat je am Telefon gehört: »Ich will deine Schwester werden, oder dein Bruder?« Niemand. Vor lauter Nachricht und Info geht das alles verloren! In allem Mündlichen tritt eine Verkürzung der Aussage ein, und in unseren modernen Zeiten ist das umso schlimmer, weil bereits das Schriftliche sucht, nach dem Mund zu reden: So ist es, beim Publikum rezipiert, schon mehrmals fragmentiert. Und je mehr es dann »geteilt« wird – im wörtlichen wie übertragenen Sinne! – wird es immer mickriger, zerbröselter, pöbelhafter, nichtig-pleonastischer. Und ist zum Schluss das, was die Masse will: schöne Phantasie und Fiktion. Ein Nichts! Und eine populistische Nullität. – Und da wundert man sich, dass im Netz keine Verhaltensnormen gelten? Ja sogar: unerwünscht sind?

Oktus Murrmann verstand das genauso wenig wie das fraglose Dauertelefonieren. Das waren doch nur Machtinszenierungen! In allem: Je breiter etwas zerkaut ist, umso tiefer die Suhle, in der man sein Mütchen kühlt. Wie war es nur dazu gekommen? Warum wollte niemand mehr ein Philosoph bleiben, indem er schwieg? Im Reden riskierte jeder, in der Selektion ausgesiebter Unbedarftheit unter den Tisch zu fallen, auf dem Kehrichthaufen der Geschichte zu landen. Was half dagegen nun? Der Mainstream. Der spült allen Sumpf und Kehricht ohne Wiederkehr in das Absurde: Und er kennt nicht die Leiden der Bewährung, die dem Individuellen auferlegt ist.

Es sollte doch eigentlich alles ganz umgekehrt sein: Als Oktus Murrmann an seinem Schreibtisch saß, stand es ihm plötzlich vor Augen. Er schrieb auf: »Im Telefonieren geht eine Leitung aus der Frage in die Fraglichkeit!«

Er las diesen Satz zuerst leise, dann lauter, schließlich rief er laut: »Im Telefonieren geht eine Leitung von Fraglichkeit zu Fraglichkeit!« Er stand auf, ging hin und her, wie der Schneeleopard im Käfig.

Er öffnete die Tür, bat seine Sekretärin, die Margareta Hübner: »Hören sie mal, Frau Hübner, was meinen Sie zu diesem Satz?« Margareta, kurz genannt Greta, sah vom Ordnen ihrer Papiere auf. Oktus Murrmann trat in den Türrahmen und sagte hinüber: »Jedes Wissen ist eine Brücke von Hypothese zu Hypothese.«

Die Frau draußen sagte: »Hmhm!« Sie nickte. »Das klingt nach was!«

»Aber hat es auch Sinn? Und Gehalt?«, fragte Oktus.

Frau Hübner räusperte sich. »Meinen Sie etwa, es geht darum, was man mit dem Wissen, das ist die Hypothese, macht? Wie man die Brücke nutzt?«

»Sie verstehen mich! Das eine ist unsicher, das andere auch, man strickt sich, zimmert sich, baut sich einen Behelf, einen Belag, einen Ponton, sozusagen: immer ins Ungewisse! Und über Stromschnellen!«

»Man muss ganz schön auf Draht sein«, meinte die Frau Hübner, »weil wenn man die Brücke abbricht, kommt ein Moment der Schwebe, wie beim Artisten, im Salto Mortale … das sagten Sie schon mehrmals!«

»Ja, das ist von Kierkegaard! Da ist man im Sprung.«

Abrupt ging Oktus Murrmann in sein Zimmer zurück. Ein Ärger war plötzlich in ihm derart cholerisch hochgeschossen, dass er fast geschrien hätte: Heute unterscheidet doch niemand mehr zwischen Hypothese und Theorie! Und dauernd wurden Arbeitshypothesen in den unverdienten Rang von Theorien erhoben: Täglich veröffentlichte irgendein Unbeleckter, oder irgendeine die öffentliche Meinung manipulierende politische Gruppe, eine neue sogenannte »Erkenntnis«, die war, aus welchen geheimnisvollen Weihen auch immer, »unabweisbar« und »alternativlos« »und »ewig gültig« – und von da aus ist der Weg zur Ideologie ganz kurz! Man gockelte herum und verkaufte wie der billige Jakob wohlfeile Vogelpfeifchen! Ja! Die zu Hause niemals funktionierten! Nur in der ordinären Vorführung! Die einen statistisch bestrickt hat. Scheinbar lustig! Nach der Wahrheit kam die Philosophie, und als diese philologisch gefasst war – war es zu spät! Dann war Babylon da und Sprachverwirrung! Und erst im Torso von Null und Eins – gibt es viel zu viele Meinungsproduzenten.

Margareta Hübner aber, an solche Momente ihres Chefs gewohnt, sortierte wieder in ihrer Ablage. Die Türe war offen geblieben, der Ingenieur hatte sich an seinen Schreibtisch gezwungen, jetzt fragte er noch einmal laut hinüber. »Denken Sie auch daran, was wir schon oft besprochen haben: Die perfekte Ordnung gibt es nicht, und das, was wir zwei zusammen produzieren – mit dem kann sowieso nach uns niemand was anfangen! Die Evolution spült es weg, wie uns Menschen auch. Uns bleiben nur die Tränen! Aber zumindest die: sind uns sicher!«

Frau Hübner ließ ihre Blätter sinken, ihr Chef konnte sie nicht sehen, so nickte sie etwas arg betont und ironisch in seine Richtung. Wenn der heute so einen Tag hatte, war was im Busch! Sie sagte, schnell entschlossen: »Ich muss mal was kopieren!« Dann brach sie auf in den Kopierraum.

Bevor sie die Tür schließen konnte, hörte sie noch: »Das Gleiche gilt für das Kopieren! Die perfekte Kopie ist Bla-Bla-Bla und das Ende der Kreativität!«

Nun grübelte Murrmann über das Dauertelefonieren. Sauer stieß es ihm auf, ein riesiger Ärger auf viele Kolleginnen und Kollegen, Kommilitoninnen und Kommilitonen, Professorinnen und Professoren, Studienrätinnen und Studienräte, Lehrerinnen und Lehrer, Schülerinnen und Schüler: Wie viele waren in sein Gesichtsfeld getreten, die keinerlei Scheu vor dem Telefon kannten! Man sprach etwas mit ihnen und nahtlos griffen sie zum Hörer: Und der Hörer wurde zur Verlängerung der Hand, und der Mund wurde zum Mikrofon. Und solchem musste er zuschauen: Er, der vor jedem Telefonat lange überlegte, der die Zeit zu bestimmen suchte, wann es seinem Gesprächspartner zumutbar war und ihm passen konnte, der sich Sätze aufschrieb, um sie nicht zu vergessen – und dann doch jedes Mal ganz anders als gedacht sprach und das meiste vergaß, weil im Gespräch etwas ganz anderes zum Thema wurde! Und weil eben das – genau so sein musste!

Was waren seine Gesprächspartner doch für Raptoren, die dem erstbesten fliehenden Beutetier hinterherjagten! Kaum redete man über etwas mit ihnen, brachen sie schon los! Brüllten auf! In Rede-Diarrhoe! Erschreckt duckte man sich. Zum Beispiel: Man erwähnte ein elektronisches Bauteil, und ohne irgendein Zögern, ohne irgendeinen Übergang griffen die zum Telefon und riefen einen anderen an und fragten nach dem Bauteil und sprachen über das Bauteil, sie rissen es aus dem Zusammenhang und taten so, als wäre das Bauteil wichtig! Sie besorgten es: Dann saßen sie befriedigt da und schauten dumm selbstzufrieden durch ihn hindurch, als wäre es mit dem Bauteil getan. Diese Fachleute der Fragmentierung, sie spürten gar nicht, dass es darum gar nicht gegangen war, und dass es so eigentlich nicht ging und nicht passte. Was sollte das, dieses Bauteil? Es ging doch ums Ganze! – Wir redeten vom Bauteil, Punkt!

Das war es – und er konnte gehen. Er zog ab: Alles Wesentliche blieb ungesagt.

Einmal war er zu Roderik Plicht, dem Sohn seines Chefs, gekommen: Sie hatten über die Arbeitsbedingungen in der Halle ZZ gesprochen und wie die zu verbessern wären. Da griff dieser offenkundige Idiot zum Telefon und rief den Meister dort an und klatschte ihm brühwarm die Idee ins Gesicht, und schon redeten sie diesen Gedanken kaputt, das gehe nicht und jenes gehe nicht, und allein das »redliche« Offenlegen zwang den Gedanken in die Knie. Ging es noch dümmlicher? Warum wurde Murrmann so vorgeführt? Hatte der Plicht nicht begriffen, dass man zuerst im Vorfeld sondieren musste, überlegen, konstruieren – und dann erst loslegen? Ach ja, er hatte es vergessen: Die arbeiteten alle induktiv, die

Schwachköpfe konstruierten alle von unten nach oben. Statt aus Ideen zu planen, bastelten sie aus Elementen! Fassungslos hatte Murrmann dem Gespräch zugehört. Noch nie war ihm etwas so billig aus dem Denken ins Handeln übergegangen, so brückenlos und schwerelos und fraglos und sicher wie diesem Plicht gerade. Er konnte das absolut nicht verstehen! Wie war das nur möglich? – War das schon der »Übermensch«? Ausgestattet mit Riesenkräften? Wie der Golem aus Lehm? Statt mit dem magischen Zettel im Mund mit den Geräten der Elektromagnetik in der Hand?

Er konnte es nicht glauben. Dieses Wundertier da, der Roderik Hosenscheißer, der handhabte sein Telefon genauso wie sich selbst. Da gab es keinen Unterschied mehr zwischen ihm und dem Apparat: nahtlos floss alles aus ihm, taktlos und selbstbewusst. Wie bei der Amöbia Formlos! Und dann kam der Elektroingenieur in Murrmann durch, er musste dieses so immateriell wirkende Relais noch einmal überprüfen, diese Einheit von Denken und Handeln, die superheldenhaft weit über alles menschliche Maß hinausragte. Seit Langem schon hatte er ein mathematisches Problem aus der Heisenbergschen Unschärferelation auf der Pfanne! Aus dem Übergang der Elektromagnetik in die Teilchentheorie! Er dachte: Bursche, jetzt gebe ich dir mal eine Nuss zu knacken, kennst du dich in der theoretischen Physik aus? Und er brachte sein Problem vor, und schaute genau hin, was passierte.

So ein Wunder hatte er noch nie gesehen! Kaum hatte er geendet, sagte der Plicht-Sohn, schon mit der Hand am Telefon, die Nummer bereits wählend: »Da rufe ich gleich den Professor Dreistein an, der ist der Fachmann!« Und keine zehn Sekunden später, er hörte kaum ins Rohr hinein, zitierte er dem Murrmann die Stellungnahme des überragenden Mathematikers und Physikers hin: »Überholt!« – »Neue Theorien sagen ganz was anders!« – »Muss völlig anders angegangen werden!« – »Schon die Fragestellung ist verkehrt.« Und so endete das Gespräch: Der Roderik Plicht hielt es nicht einmal mehr für nötig, die eben unterbrochene

Interaktion fortzusetzen, sie war mit diesem Anruf erledigt, war im Strom der Kommunikation weggespült, hinüber in den ewigen Ozean der Gleichgültigkeit. Der Roderik schaute auf seine Papiere am Schreibtisch und grüßte auch nicht, weil er schon mit dem nächsten Telefonat begonnen hatte – während Oktus Murrmann hinausging. – Das war fast wie Slapstick! Kam es so nicht auch bei Charlie Chaplin vor?

Was war nun aus dem Wort geworden? Hatte der Beinahe-Namensvetter des Plicht-Professors nicht gesagt: Wenn der Horizont eng wird, schließlich gegen Null geht, gewinnt man einen Standpunkt! Dann war es: aus! – vorbei! – mit einem Telefonieren von einer Frage in die Fraglichkeit! Und plötzlich, draußen auf dem langen Flur, überlegend dahinschreitend, wusste Murrmann ganz klar: Das Telefonat, das der junge Plicht mit dem Professor Dreistein geführt hatte, das war der reine Fake gewesen! Und er hatte es geglaubt! Der junge Plicht hatte ihm etwas vorgespielt! Ein Kasperletheater! Der hatte ihn belogen! Hatte ihm ein Telefonat mit der größten Autorität, die ihm anscheinend jederzeit zu Diensten stand – geradezu ein blanker Hohn! – vorgetäuscht: Und er, der gaffende Zaungast, Oktus Murrmann, er hatte es geglaubt! Der Plicht-Sohn hatte ihn durchschaut und ihn auflaufen lassen, um ihm zu zeigen: So viel wert bist du mir! Du schaulustiges Fossil! Für mich bleibst du nichts als ein Schlachtenbummler: Und du bist unbrauchbar auf dem wahren Spielfeld!

Und statt ihm das ins Gesicht zu sagen, war er, Oktus, belämmert abgezogen! Hier hätte er seinen bedeutenden Trumpf ausspielen können, halb ernst, halb witzig, er hätte ironisch fragen sollen: »Alles, was sich mit Lichtgeschwindigkeit bewegt, unterliegt den Gesetzen der Relativität, viel mehr als alles andere, das schwerfälliger bleibt. Und das soll jetzt für ihr Telefonat nicht gelten, Herr Plicht? Und für alle Telefonate? Und alle in dieser Qualität übermittelten Information? Etwa auch die *Superman*-Filme? Wo ist nun die absolute Macht?« Da hätte der Roderik Plicht geguckt: Der hätte mal den Widerstand spüren sollen, bloß diesen, bloß diese zusammengestückelte und vielleicht auch sinnlose Infragestellung, das wäre heilsam gewesen!

Und nun, vor der anstehenden Konferenz, fiel es Oktus Murrmann wie Schuppen von den Augen: Deswegen hatte er die Kommunikationstheorie der Nachrichtentechnik so gehasst! Wegen des dämlichen Modells von »Sender« und »Empfänger«! Das war ein so simpler Unfug, dass sich einem die Haare sträubten: Das war so anspruchslos einfach, dass man es gar nicht verstehen konnte! Himmel, genauso hatte ja der Plicht gehandelt! Man sandte hinaus und ein anderer empfing, und dann ging es von vorn los. Punkt! Aus! Wie in der Amöbe! Und ohne Konsequenzen: Man sagt halt was und der andere sagt auch was. Und, als er weiter über diesen Schwachsinn nachdachte, durchzuckte ihn die Erleuchtung. – Ich bin ein Fachmann für intermittierende Variablen! Also jene Zustände, die das einfache Senden und Empfangen beirren! Daher mein Diktiergerät! Das war ihm nun völlig klar.

Frau Hübner war beim Kopierer – er fand niemand zum Reden! Er ging auf den langen Gang hinaus, erreichte das Foyer der Büros der Vorstände. Er spürte seine Mandeln, hinter den Augen drückte es: Meldete sich gar die Grippe wieder? Oder waren es bloß ihre Nachwehen, der Schnupfen, eine Müdigkeit? Er seufzte und setzte sich in einen der Sessel vor dem Büro des Firmenchefs.

Hubertus Plicht schien seine Schritte den Gang herab erlauscht zu haben, obwohl er wie immer ziemlich lautlos »schlich«: Der Chef, Hubertus P., er öffnete seine Türe, stand dort, schaute zu ihm heraus – erwartete er vielleicht jemanden? »Sie sind es, Herr Murrmann! Wollen Sie zu mir?«, begann er.

»Eigentlich immer!«, sagte Oktus für ihn selbst unerwartet schlagfertig. »Aber momentan fühle ich mich bloß schlapp, irgendwie angeschlagen. Da suchte ich einen bequemen Sitzplatz. Ich hoffe, Ihnen geht es gut?«

»Ja, einigermaßen. Mir liegt die kommende Konferenz im Magen!«

»Mir auch! Ich bin irgendwie desorientiert, hatte eine ziemliche Grippe die letzten Tage.«

»Und ich fühle mich getrieben. Ich hetze herum und finde keinen Ansatzpunkt.«

»Chef! Wer könnte Sie umtreiben? Oder woher kommt dieses Gefühl?«

»Ich weiß es auch nicht. Ich kann es nicht definieren. Es ist eine Ambivalenz, wie vor einer schweren Entscheidung. Die man schon zu lange vor sich her geschoben hat.« Hubertus Plicht griff sich an seine Koteletten, rieb sie. Das tat er immer, wenn er nicht weiterwusste.

Murrmann bot ihm an: »Ist es etwas Persönliches? Ein Entwicklungsschritt, von dem man glaubt, man habe ihn verpasst? Oder vor dem man sich gedrückt hat – so wäre es bei mir. Manchmal denke ich, ich habe was verpasst. Ich weiß aber nicht was.«

Das griff der Firmenchef auf. »Haben wir etwas verpasst? Worin hängen wir fest? Und wovor sträuben wir uns gleichzeitig?«

Wand sich Hubertus Plicht nicht hin und her? In einer großen Unentschiedenheit? Sie schwiegen. Hubertus Plicht bewegte sich auf das zweite Fauteuil zu, wollte er sich zu ihm setzen? Doch dann blieb er stehen und sagte in den leeren Raum hinein: »Ich bin zurzeit auf der Jagd. Und wissen Sie, was mir vorschwebt: Ich will – so altmodisch wie ich bin – ins Museum.«

»Ins Museum? Was bedeutet das? Dorthin sind wir zusammen noch nie gegangen.«

»Aber ich schon. Allein. Und oft. Ich kam immer wieder klarer raus. Geklärter. Ich sah die Kunst. Und wusste plötzlich irgendwie bestimmter, was wesentlich war. Es war mir eine Hilfe.«

»Etwa so, wie es mir am Grab von Alessandro Giuseppe Antonio Anastasio Volta in Como gegangen ist? Und immer, wenn ich die Volta'sche Säule anschaue. Da kommt es mir vor, als wüsste ich, worum es … eigentlich geht. Aber über Galvani: Ärgere ich mich nur dauernd.«

Anscheinend fühlte sich Hubertus Plicht verstanden, denn er sagte: »Wollen wir heute nicht eine kleine Exkursion machen? Dass wir mal rauskommen aus der Firma? Mal etwas anderes sehen, und vielleicht nicht unbedingt reden, nur miteinander vor der Kunst stehen?« Das war ein gänzlich ungewöhnliches Angebot!

Und der Chef setzte hinzu: »Wir zwei alten Herren – auf der Suche! Nach Klarheit!«

Oktus hustete. Dann antwortete er. »Sicher! Sogar gerne! Im Reiss-Engelhorn-Museum gibt es zurzeit eine aktuelle Ausstellung aus dem Bereich der Paläontologie! Die scheint mir recht publikumswirksam: Es geht hauptsächlich um das Getier des Trias, die Saurier.«

»Nun ja, mein Interesse daran ist eher mäßig. Aber wenn es uns nicht hilft, dann gehen wir zur modernen Kunst! Die nützt, bei mir, immer! Kommen Sie: Wir machen den Laden hier dicht! Ich gehe kurz nach Hause, ziehe mich um. Und wir treffen uns dann um«, er sah auf die Uhr, »um 14 Uhr, dort, vor den Kassen!«

Murrmann räumte nicht auf: Er schaltete bloß an seinem neuen »Diktiergerät« eine ausgedehnte Schleife an, die er gestern noch vorbereitet hatte. Er hatte sich nämlich überlegt: Das bloße Unterbrechen des Telefonierens, das war ihm doch: zu primitiv. Wie das funktionslose Brummen infraschwerer Trägerwellen – war es einfach bloß: vorsintflutlich. An die Stelle der entstehenden Löcher und des Gewitters musste etwas »Humaneres« treten, ein aufregender Witz, ein inspirierendes Zitat, ein appetitanregender Geistesblitz!

Die Menschen brauchten das mehr, viel mehr: Sie brauchten ein artiges – kein abartiges! – Stimulans. Sie mussten zum Denken gebracht werden.

Und so wurde seine frisch begonnene Aufgabe schon am Anfang auffallend neu ausgerichtet.

6. PACKUNG

Oktus Murrmann, im Vorraum des Reiss-Engelhorn-Museums in der Mannheimer Innenstadt, sah seinen Chef kommen: An der Hand führte er ein Kind! Und sein Dress war ungewöhnlich freizeitmäßig, hell und weiß, mit braunen Leder-Mokassins. Und das Kind: Es musste seine jüngste Tochter sein, die Maylena.

»Lieber Chef«, sagte Oktus, »ist das nicht zu sommerlich und leicht bekleidet für den Winter?« Er konnte sein Erstaunen über den eigenartigen Aufzug nicht verbergen und vergaß sogar die Begrüßung.

Hubertus Plicht schluckte, dann antwortete er: »Das hat meine Tochter hier, die Maylena: angeordnet! Ich habe es ihr zum Gefallen getan!«

»Sie sehen aus wie gerüstet zur sommerlichen Bootsfahrt auf dem Rhein! Sind Sie auch gut ausgestattet mit Sonnencreme?« Murrmann musterte jetzt die Tochter näher: Das schien eine eigenartig energische Person zu sein, mit kurzen Zöpfchen. Oktus dachte: Ihr Haar erinnert mich an meines, nur ist es blonder und feiner und es sträubt sich mähnenartig geringelt um die Kopf-Peripherie.

In seine Gedanken hinein wurde er von der Maylena begrüßt, sie begann ebenso unvermutet wie er: »Wie alt schätzen Sie mich?« Das war ihr offensichtlich ein Anliegen!

Oktus hatte keine Ahnung, er sah kurz zum Chef hin, dann sagte er: »Vielleicht fünf Jahre?«

Jetzt guckte sie aber verblüfft!

Sie fasste sich: »Weil ich so groß bin, werde ich meistens auf acht Jahre geschätzt! Aber ich werde demnächst sechs!«

Oktus dachte: So weit also liege ich neben der populären Meinung! Und der Begriff ›groß‹ scheint mir etwas übertrieben. Ich würde eher sagen: beleibt, oder besser: kräftig! Doch sie stellte ihm bereits das

Saurier- oder Drachen-Quartett vor, das sie mit sich trug. Es juckte ihr offensichtlich in den Fingern, mit ihm die ›Kräfte‹ der Abgebildeten in der Saurier-Qualifikation nach Größe, Gewicht, Kampfstärke, Intelligenz, Freundschaft und einigen anderen Kategorien zu messen.

Als sie an der Kasse anstanden, fragte Hubertus Plicht: »Verstehen Sie, warum die Kinder von den Sauriern so fasziniert sind?«

»Ich halte das weniger für eine Faszination der Kinder«, antwortete Murrmann. »Das scheint mir eher ein Faszination der Erwachsenen, die sich gerne hinter den Kindern verstecken. Das scheint mir kein infantiles Phänomen – sondern einfach: infantil.« Er genoss diese Paradoxie sichtlich.

»Warum? Etwa weil die Kinder Angst viel schwerer genießen können?«

»Angstlust: Das kennen doch nur wir Erwachsenen! Angstlust: Das ist doch das Vorrecht der Adoleszenten! Man regrediert noch leichter ins Kind und ahnt schon die Bitterkeit der Arrivierten!«

»Ja, zu unserer Zeit gab es dafür den Schwarzen Mann! Oder den Rübezahl!Und verflixt viele Geister!«

»Die sind heute mit säkularen Vorstellungen ersetzt, à la King Kong! Die Beispiele gehen in die Millionen! Und sind so belanglos, dass ich mich hüte, sie zu erwähnen.«

Sie zahlten, Maylena wies dem Kontrolleur ihr Quartett als Eintrittskarte vor, dann gingen sie diskutierend in den Ausstellungsraum.

Hubertus Plicht nahm das Gespräch wieder auf. »Verstehen Sie, warum Menschen von Angstlust so fasziniert sind? Von Weltuntergängen faseln, dauernd irgendwelche Katastrophen heraufbeschwören, bei Unfällen gaffen? Warum fliegen sie und schauen sich vorher Dokumentationen über Flugunfälle an? Warum lachen sie am Tag über Geister, am Abend verfolgen sie Horrorfilme?«

Daraufhin antwortete Oktus: »Ich verstehe es nicht. Ich kann das überhaupt nicht teilen. Es ist vielleicht auch eher ein massenpsychologisches Phänomen, oder ein gewisser morbider Zug unserer westlichen Kultur, wie das Gladiatorenwesen im alten Rom! Oder die eigenartige Identifikation mit den dunklen Seiten unserer Kultur.«

»Lange habe ich mir darüber schon Gedanken gemacht: Ist es nicht eine perfide Lust an der Zerstörung, die man bei manchen Personen bemerkt? Am auffallendsten ist das bei Fernsehsendungen, in denen Hochhäuser gesprengt werden, Wohnungseinrichtungen zertrümmert oder Metalle zu Müll gecrasht werden: Da treten Charaktere hervor, die sich damit brüsten und sich damit großtun!«

»Ich habe darüber schon oft nachgedacht«, sagte Oktus Murrmann, »und deswegen sogar bei Sigmund Freud nachgelesen. Da spielen auch wieder Volta und Galvani herein.« Er überlegte kurz, und beschloss, nicht allzu persönlich weiter zu argumentieren. »Also, in der Tiefenpsychologie fand ich eine Erklärung: Es kann die Identifikation mit dem Angreifer sein! Eigentlich ein seelisches Prozedere, mit dem man Angst oder Unlust abwehren will: Und in diesem speziellen Fall macht man sich einem potenziellen oder realen Angreifer gleichwertig, wenn nicht überlegen, nämlich durch Identifikation mit ihm. Man benimmt sich so, dass das Verhalten dem Angreifer äquivalent wird.«

»Man macht sich also dem Saurier gleich?«

»Man wird selbst zum Untier und vermeintlich stark und unbesiegbar. Es ist eine sich selbst nicht eingestandene und verschwiegene Identifikation mit rudimentären Instinkten, die in der prähistorischen Bestie verkörpert scheinen. Eigentlich ist das einfach: Angabe, Imponiergehabe, Größenwahn! Mit dem man sich fühlt wie Sonstnochwas.«

Sie standen vor dem zentralen großen Skelett des T-Rex. Die Maylena hatte ihr Kinder-Handy herausgeholt und wollte die beiden Erwachsenen fotografieren: Sie dirigierte sie geschwind vor das Hinterbein, unter den großen Oberschenkelknochen und neben die extrem dicken Waden-Gebeine! Sofort knipste sie ihren Schnappschuss! Blitzte und lachte!

»Es gefällt ihr anscheinend, dass wir gegenüber dem Untier so klein aussehen!«, schmunzelte Herr Plicht. Er sah kurz den kleinen Oktus an, griente noch mal, dann setzte er hinzu: »Sind wir nicht auch Fossile?«

Nun bewunderten sie das Foto, das eine bezeichnende Studie ihrer beider Beziehung schien: Hinter ihnen ragte hoch das Skelett, sie beide prangten etwas verloren, wie im Gespräch ertappt, aber doch durch den Riesen-Knochen verbunden und rotäugig blinzelnd, Oktus im braunen Cord-Anzug, Hubertus im halb durchsichtigen Bootsdress, man sah das Unterhemd unter dem Hemd.

Sie mussten lachen: »Haben Sie denn schon mal eine solche Komposition gesehen!?« Hubertus griff sich an die Stirn.

Und Maylena sagte: »Dieses Bild will ich zu Hause groß aufhängen!«

Sie schritten nun zu dritt durch die Ausstellung. Sie konnten sich aber nicht sonderlich dafür erwärmen: Vor allem die Maylena hätte sich lieber hingesetzt und mit dem neuen Bekannten, dem Herrn Murrmann, das Saurier-Quartett gespielt! Okay: Sie gingen in einen ruhigen Raum hinüber und schoben ihr zuliebe eine Viertelstunde Saurier-Quartett ein. Das war in einer Kammer, in der sie von lauter Frauenbildnissen umgeben waren, eine Leihgabe des Prado-Museums aus Madrid: ein kleiner Ausschnitt aus den Renaissance-Porträts der Sofonisba Anguissola und der Lavinia Fontana. Zur Auflockerung und Abwechslung waren sie einfach von der Kunsthalle für ein paar Wochen hierher verlegt worden.

Oktus Murrmann bemerkte nach dem Spiel mit Erstaunen, dass er unter dem wunderbaren Bild einer »Marianna, Königin von Schweden« gesessen war: Die schaute ihn an, als kennte sie ihn und seine Wesensart schon lange, ein wenig belustigt, ein wenig freundlich, mit weit offenen Augen. Herr Plicht drängte nun aber entschieden zur Modernen Kunst: Er wollte zur Kunsthalle am Rande der Stadtmitte aufbrechen. Oktus folgte ihm dorthin nur mit Reserve: Denn er wusste, irgendwo da hing das Bild »Die Irrsinnige« von Otto Dix, und das war ihm dermaßen unheimlich! So würde er sich vermutlich zu den »Tauchern« von Fernand Léger flüchten und dort über seine Wasserscheu nachdenken, ängstlich und leicht gedrückt.

Sie verließen das Reiss-Engelhorn-Museum und Maylena ordnete die beiden Herren links und rechts neben sich ins Taxi auf den Rücksitz. Der persische Fahrer nahm weiß lächelnd den Befehl Hubertus Plichts entgegen: »Nun geradeaus! Zur Kunsthalle!« Der Mann aus dem Iran griff das gerne auf: »Wir brechen – durch!« Und wie der weiße SUV durch die Stadtmitte schipperte, links und rechts schäumende Bugwellen warf, erinnerte sich Oktus an seinen Fiebertraum von den tanzenden Chauffeusen. Der kam ihm etwas verdreht vor, vor allem, weil er sich mit seinem uralten Vorurteil zusammenschloss: Wer rettet uns vor der Schlammflut der Märchenverfilmungen? Jedem Sender, der diesen Humbug verzapft, sollte sofort die Lizenz entzogen werden!

Sie stiegen am Friedrichsplatz aus, Maylena griff nach Oktus' Hand, Herr Plicht bezahlte für alle, zuerst im Taxi, dann an der Kasse. Daraufhin stürzte er wie ein Verhungernder seinen zwei Begleitern voraus in die Ausstellungsräume.

Kaum waren sie wieder beieinander, strömte schon eine Führung herein, eine Schulklasse. Jetzt fand Oktus die Gelegenheit, seine neue Schleife zu erproben! Denn die Schüler hatten alle ihre Handys mit hereingeschmuggelt und fotografierten, aus der Gruppe heraus, heimlich, die Bilder, die ihnen gefielen: Obwohl das gerade in diesem Museum streng verboten war! Das Museum hatte sogar mehrere Musterprozesse dazu angestrengt und gewonnen!

Oktus Murrmann arretierte nun seinen erwähnten Knopf, indem er eine kleine Klammer, die er angebracht hatte, darüber drehte: Das ließ er fünf Minuten so! Dadurch hatte er die Hände unverdächtig frei und den ungehinderten Rundumblick. Natürlich wollten diese jungen Fotografen möglichst bald sehen, ob ihre Fotos gelungen waren! Das war ihnen ja wichtiger als die Gemälde selbst, ihre Bilder davon! Sie wollten sie womöglich auch gleich posten, mit entsprechenden Bankdrücker-Kommentaren, die witzig sein sollten, aber nekrophil und sadistisch blieben. Doch, wie zuckten sie zurück! Als sie die Fotos öffneten!

»Bratak! Bratak!«, hieß es zuerst ganz lieblich-freundlich. Das totenkopfförmige Angesicht eines Marsianers sah mit riesigen blauen Augen aus dem LCD heraus. »Bratak! Hackhack! Bratak!« Der Raum schallte plötzlich von der überlauten Sprache der Marsianer, die nicht mehr zu regulieren war. Und dann fuhr in dem Video die Kamera aus der Großaufnahme in die Halbtotale zurück: Und der Marsianer hob seine Laser-Maschinenpistole und feuerte in die Reihen der Abgeordneten im Kapitol, bis alle tot waren. Der ganze Raum füllte sich mit zuckenden Laserblitzen, die einschlagend krachten und rauchten! Das alles war schmerzend laut: Die Schüler suchten ihre Handys zu verbergen, die Aufsichtsführenden schossen herein, alle Fotografierer waren mit einem Mal entlarvt! Und kämpften mit ihren wildgewordenen Handys!

Aber sie hatten ja gar kein Bild gemacht?! Sie hatten nur einen Video-Clip aus dem Film *Mars Attacks* von Tim Burton unausschaltbar laufen, immer wieder! Und das Aufsichtspersonal wurde ganz irr, weil auf jedem Handy das Gleiche zu sehen war: Sie hielten es sofort für einen Schülerstreich und führten nun etwas schnellfertig den protestierenden Lehrer mitsamt seiner Gruppe ab, heftig und lautstark diskutierend. Und die anderen Kunstliebhaber staunten: War hier etwa eine Performance geschehen? Die ihnen die Brüchigkeit der kulturellen Institutionen vor Augen führen sollte? Eine beachtliche Leistung des Museums, ein Lehrstück geradezu!

Auch Hubertus Plicht und seine Tochter staunten über den Trubel: Oktus Murrmann aber freute sich, dass einer seiner Lieblingsfilme solche Aufmerksamkeit gefunden hatte! Ja, das war die Alternative! Das Austilgen der Angstlust vor den Sauriern! Der Fliegende Holländer – wer fürchtete den schon? Der war doch eine Witzfigur und der Freund von Spongebob!

Die Agonie der Aufseher und die Hilflosigkeit der Fotografierer war bedeutsamer als das Attentat, das ein Witz war: »*Mars Attacks*, die lustigste Kino-Apokalypse aller Zeiten.« Es gab kaum einen anderen Film, den Oktus Murrmann so freudig konsumieren konnte: Er kannte ihn mittlerweile auswendig, lachte immer an den genau gleichen Stellen, vor allem über die abgehackte »Bratak«-Sprache der Marsianer, die anscheinend nur dieses eine einzige Wort kannten: »Bratak!« Am besten aber gefiel ihm in dem Streifen der abschließende Triumph der Erdenmenschen über die Mars-Gerippe: Nämlich mit dem aus einem Lautsprecherwagen jaulenden Hillbilly-Sound – dessen Gejodel den Angreifern das Gehirn schmelzen ließ! Das war doch der Sieg der Kunst über den Alltag, der Sieg des Lachens über das Todernste! Der kaum kunstvoll heulenden Anti-Künstler über die eindimensionale Schießerei der martialischen Totenköpfe!

»Was ist hier vorgefallen?«, fragte er scheinheilig. »Was war denn da los?« Dann schaltete er seinen Feststellhebel zurück. Plötzlich herrschte Stille, die Bratak-Quakenden schwiegen, die abgeführte Schulklasse blieb stehen, der Lehrer muckte auf, die Aufsichtsführenden waren irritiert. Und als sie sich die geschossenen Fotos zeigen ließen, waren diese: alle leer! Schwarz! Wie die finstere Nacht! Und jeder Beweis für die Outlaw-Abbilderei war verschwunden.

Die Schüler wurden schon wieder frech, sie sprachen beredt von ›generellen Fehlfunktionen‹ und verlangten, in die Ausstellung zurück gelassen zu werden. Die Kontrolleure zuckten die Schultern, sie waren wie in einer Überreaktion ertappt und ließen es geschehen: Sie dauten plötzlich schwer am Verlust ihrer Autorität, zogen die Köpfe ein und waren untereinander nur noch zu nonverbalen Kommentaren, also Kopfschütteln und Schulterzucken, fähig.

Bereits nach wenigen Minuten trieb die Schulklasse nun – und einige Erwachsene mit ihr – ihr geheimes Ablichten wieder voran. Erneut machten sie Bilder von den Bildern! Fotografierten Gemälde! Oktus Murrmann merkte es ganz genau, er ließ es eine Weile geschehen, und als jene ihre Bilddateien öffneten: füllte wieder der Höllenlärm der Bratak-Sequenz den Raum! Die Marsianer schlugen erneut zu! Sie duldeten kein Fotografieren in Museen! Sardonisch quakten sie aus den Displays heraus, schrien und bratakten, bis zum Showdown ihrer feuernden Wasserpistolen, die zu Laserkanonen umgebaut waren.

Jetzt aber leerten sich die Ausstellungsräume freiwillig, die Leute flüchteten, zurück blieben nur die ratlosen Aufseher, denn die Handys oder die Bilder oder die Fotos gaben keine Ruhe mehr. Der hilflose Unterrichtende sah seine Stunde Lehre im Museum einer üblen Destruktion überantwortet: Wieder einmal hatte die Unbildung gesiegt! »Die haben doch wieder Nebendinge getrieben!« Er sann schon auf Rache! Und die Schüler hatten sich mittlerweile zusammengefunden und zeigten im Foyer den hinausströmenden Leuten die feuernden Marsianer. Das Museum war in Aufruhr! Manch einer ließ seinen Mantel liegen, und kam gleich, von der Kälte draußen gepikst, zurück, arbeitete sich dem Strom entgegen. Und aus jedem Bildschirm schnatterte es: »Bratak! Bratak!« Und krachten die Laserblitze!

Doch bevor sie alle zum Genuss übergehen konnten, schaltete Oktus Murrmann sein Diktiergerät aus. Der Video-Clip erlosch – es war Zeit, zur Realität zurückzukehren! Sich auf die Kunst zu konzentrieren! Jetzt schrie der Lehrer, schweißgebadet und derangiert, sehr erzürnt, dass die Führung nun erst beginne – aber die Hälfte der Klasse war schon im Tohuwabohu entwischt und machte sich in der Stadt einen vergnüglichen Tag.

»Was war denn das?«, fragte Herr Plicht. Zuvor hatte er der Maylena erklären müssen: Das, was hier geschehen war, sei eigentlich in Museen nicht üblich – doch sie hatte riesiges Vergnügen daran gefunden. Sie waren mit dem Strom der flüchtenden Schüler hinaus in die Tattersall-Straße getrieben: Die Maylena wollte jetzt von beiden noch einmal ein schönes Foto machen. Dazu schien ihr der Hintergrund des Mannheimer Wasserturms besonders geeignet! Sie dirigierte sie in die richtige Position: Und während sie damit geschäftig war, hatte Oktus Murrmann wieder seinen Feststeller auf den Knopf gedreht. Sie knipste. Sogleich wollte sie das Produkt sehen, öffnete die Datei.

Da erreichte sie das schönste Erlebnis des ganzen Tages! »Bratak!«, grinste der Marsianer hartnäckig, dann krachte der Schuss in sein beharrliches Keckern hinein! Vom Wasserturm hallte der Lärm zurück, Passanten schüttelten den Kopf, Maylena hielt sich nicht mehr vor Lachen! Oktus ließ die Endlosschleife laufen, etwa zwei, drei Minuten, weil sie gar solchen Spaß hatte. Und auch bei anderen Telefonino-Nutzern, die gerade fotografierten, im Umkreis von circa hundert Metern, trat das Gleiche ein. Mit dieser Übertragung, die gerade mal fünfzig Meter Radius hatte, endete der denkwürdige Besuch im Museum!

Oktus fuhr mit der Straßenbahn nach Hause. Ihm war nun völlig klar geworden: Er war kein Spezialist für Sendegeräte und er war auch kein Spezialist für Empfangsgeräte. Das waren ja bloß: Geräte. Er war ein Mensch, darum funktionierte das Senden und Empfangen bei ihm nicht in mechanischer Weise. Eben nicht: digital! Er selbst, Oktus

Murrmann, hing immer in den intermittierenden Variablen mitten drinnen: Er verfing sich geradezu in ihnen. In ihrem Potenzialitäten. In den Potentiometern. In denen ihm Alles ins Alles rückte.

Daheim saß er im Hobbyzimmer und bastelte an neuen Verbindungen, und dankte Gott von Herzen und inniglich, dass er sich in den dazwischengeschobenen »Irrtümern« und »Zufälligkeiten« und »schillernden Menschlichkeiten« verheddern durfte. Da kam die freundliche Irina herein, die Schwester der Gracia – aber das genaue Gegenteil der Gracia, der hochgewachsenen strahlend blonden Fürstin: Die breit-muskulöse Irina mit ihren gelben Stempelzähnen, sie lachte wie immer schnell, schon leicht enthemmt und schenkelschlagend, weil sie anzügliche Witze erzählte. Und sie hatte ein Glas Weizenbier dabei: Das schüttete sie sich gurgelnd in den Rachen.

Dann stöhnte sie zufrieden auf und sagte: »So schwemmt man intermittierende Variablen einfach auch mal weg! Oktus, Sie sollten sich auch etwas stärker an das Feuchte gewöhnen! Diese Wasserscheu: Sie trocknen ja aus!«

Der Elektroingenieur wehrte ab. »Das ist nicht meins. Mir schmeckt Bier immer zu herb, der Wein ist zu stark! Doch ich habe heute ›Die Taucher‹ von Fernand Léger – für meine Verhältnisse und meinen Sensus – etwas sehr lange studiert!«

»Gehört eigentlich die Wasserscheu auch zu dem Zögern, bevor man telefoniert? Hätten Sie mal einen ordentlichen Rausch, wären diese Bedenken schnell weggeschwemmt! Gibt es denn kein Mittel, das Ihnen helfen könnte? Vielleicht in Tablettenform?«

»Kaffee vielleicht? Da sollte ich zurückhaltend sein: Da werde ich zu nervös! Und ich halte Volksreden!«

»Und ein zarter Tee? Ist der vielleicht auch zu heftig? Oktus, eines ist völlig klar: Sie sind ein gefundenes Opfer der jedermann bekannten intermittierenden Variablen! Schauen Sie sich doch mal um: Alle Leute um Sie herum denken was und reden, sofort und ohne

Umschweife! Und Sie denken was und kommen nicht einmal zum Reden! Weil da Einiges dazwischen gerät! Sie denken zum Beispiel ans Reisen: Während sie zu Hause hocken bleiben!«

Oktus Murrmann aber blieb bei »dem Seinem«, er lötete. Ihm lag ein Widerspruch auf der Zunge, denn etwas an den Sätzen vorher war ja unlogisch und klang wie besoffen. Die Irina wollte ihn nun schneller hervorlocken, darum behauptete sie einfach mal: »Es ist doch furchtbar: Man geht irgendwo auf der Straße, und mindestens ein Dutzend Mal am Tag hört man die Frage: ›Hast du auch schon gegessen?‹ Die Frage selbst ist unbestreitbar: Furchtbar aber ist, dass man die Antwort nie mitbekommt! Außer man fügt sie sich aus den Fragmenten anderer mitgehörter Telefonate, etwa über das Trinken, ein! Das kann aber niemals gelten! Und damit bleibt die Frage offen, was ich fürchterlich finde.« Irina schenkte ein nächstes Glas ein und sog den goldenen Inhalt heraus.

Dann lachte sie. »Mein lieber Oktus! Ich denke nach über Stau und Trauma! Wissen Sie, wir alle machen Fehler. Das ist nur menschlich. Und damit auch: richtig. Und selbstverständlich.« Sie war sich darüber so sicher, gewisser konnte keine Überzeugung sein. »Darum sollte man sich nicht bei den Fehlern aufhalten. Wenn man hängenbleibt: Dann siehe oben, was ich gerade sagte.« Sie pflegte anscheinend heute Argumente, die sich in sich selbst zurück bogen wie die Möbius'sche Schleife.

Ehe er dies ansprechen konnte, bog sie weiter. »Oktus, wissen Sie, was ein Gesprächsfluss ist? Oktus, sagen Sie einmal, haben sie schon einmal etwas von ›Entschleunigung‹ gehört? Vom Verweilen? Vom Ruhen? Was hältst du davon?« Sie rutschte ins Du hinüber.

Dies ignorierend nahm er entspannt den Faden auf. »In der alten Informatik gab es die: Wait Station! Hatte man da etwa noch menschliche Vorstellungen vom Computer? Dass der sich erholen konnte? Und nicht ständig überhastet und schweißgebadet die Lochkarten verschob?«

»Mein lieber Oktus, täusche dich nicht! Du bist zwar ein Fachmann für intermittierende Variablen! Aber eines vergisst du zu leicht: Du hast deine intermittierenden Variablen so eingestellt, dass sie sich nahezu über Lichtgeschwindigkeit hinaus noch beschleunigen.«

»Wie? Wie soll ich das verstehen?«, rief Oktus, überrascht.

»Oktus, du bist einfach zu: ungeduldig. Du kannst nicht warten! Du überstürzt alles: Weil du alles zu schnell kapierst! Und das ist der eigentliche Grund deines Widerwillens gegen das Telefon und so weiter. Das ist dir doch einleuchtend? Du hast einfach manche intermittierende Variablen zu wenig oder einige, als unpassend, abgeschaltet.« Und sie fuhr etwas selbstgefällig, aber doch heiter und fröhlich ihn neckend fort: »Eigentlich hast du zu lange zu gut funktioniert. Zu gut gelernt, zu schnell kapiert, zu abrupt umgesetzt. Du warst viel zu brauchbar! Und viel zu brav!«

Er hatte zu viele intermittierende Variablen – und zu viele abgeschaltet? Das war wieder einmal: die völlige Divergenz! Der reine Widerspruch. Aber man merkte es nicht: Weil bei Irina alle Sätze auch das genaue Gegenteil meinten. Sie war halt: eine Psychoanalytikerin.

7. PACKUNG

Am nächsten Tag begann die Sitzung um 9 Uhr.

Oktus Murrman hatte vor sich seinen schwarzen breiten Aktenkoffer gestellt und sah mit steigendem Entsetzen dem Dr. Schönhaar zu, der vor ihnen, lächelnd und gepflegt, bestimmt und mit aller Sicherheit, eloquent und zahnweiß-strahlend, in neuester enger Mode – mit einem Sakko, das nicht zuging, und dermaßen engen Hosen, dass man um die Zeugungsfähigkeit fürchten musste – witzig gewürzt seine Idee von dem neuen Programm vorbrachte: das den Menschen endgültig ersetzen würde! Wie konnte der die Augen beeindruckend aufreißen! Wie schön leuchtete deren Blau!

Oktus Murrman kam sich betäubend fasziniert vor: Vor ihm auf dem Ast saß der bezaubernde Paradiesvogel, der wendete seinen geschnäbelten Kopf mit der bestechend gesträubten Haube verführerisch hin und her und pfiff im höchsten Wohlklang: »Nimm diesen Pfirsich! Sieh nur, wie schön er ist!« Warum denn ein »Pfirsich«? Was war ein »Pfirsich«? Etwas, das »Für-Sich« war, also für diesen Dr. Schönhals-Wendehals? Murrmann versackte in dem Wortspiel, und merkte, wie weit weg er war, wie alle von ihm abrückten, wie er isoliert auf die ferne Insel der Wait Station geriet: Ein Schmerz nagte da in ihm, ein ganz feiner Schmerz, aber ganz tief verborgen! Nur sachte sich meldend.

Hatte nicht jener Apollo-Astronaut gesagt, die Zeit, als er der einsamste Mensch auf der ganzen Welt war, nämlich unerreichbar auf der Rückseite des Mondes, das sei der schönste Moment seines Lebens gewesen: Niemand habe ihm dreingeredet, er habe nur geschaut, er habe fotografiert? Murrmann konnte das nicht nachvollziehen: Seine Einsamkeit heute tat innen drin und ganz weit drunten quälend weh, feinherb beirrend, dort, hinter tausend Schotten und Schalen, war sie schmerzlich wie der spaltende Stromschlag, wuchs empor zum Ausgesetztsein zwischen Pferden, die mit unerbittlichen Seilen an den Gliedmaßen zogen: Und alle Wunden, die sie aufklaffen ließen, brannten fürchterlich.

Ein großes Zittern und Beben überlief Oktus, Angst stieg in ihm hoch, das Zimmer war plötzlich leer, unter ihm tat sich der Abgrund des Widersinns auf: Wellen von Panik überfluteten ihn, stießen schockweise hinein in seine schlimmsten Befürchtungen: Würde er verrückt werden? Verlor er den Kontakt? War niemand mehr da, dort draußen, im Niemandsland? Floss denn gar nichts mehr? Kein Anwesender merkte, wie weit der kleine Mann weggedriftet war, wohin es ihn verschlagen hatte, und wie er nur mit letzter Kraft noch Fühlung hielt in dem unverständlichen Gebrause, das die Stimmen der Anwesenden um ihn erhoben? Jetzt! Schüttelten sie Tamburine? Schepperten Kastagnetten? Jaulten Hunde?

War das Schlimme schon vorbei? Konnte es sich schon beruhigen?

Plötzlich richtete der Chef, Hubertus Plicht, das Wort an Oktus Murrmann, dieser war unvermutet aufgerufen, und zuerst verlangte der, die Aufforderung aufgreifend, nach »mehr Information«. Und begann: »Sie sprechen uns hier von Künstlicher Intelligenz. Und im nächsten Satz erläutern Sie, dass niemand eigentlich wisse, wie Intelligenz zu definieren sei. Halten Sie das nicht für einen Widerspruch? Und wieso verschweigen Sie uns die vielen uralten und auch topaktuellen Bestimmungen von Intelligenz – wie Sie uns die Geistes- und Sozialwissenschaften ständig liefern? Warum wollen Sie sich nicht darauf einlassen? Machen Sie es sich da nicht zu einfach? Eine Diskussion zu beginnen, die das Objekt des Gesprächs nicht definiert? Und sich aus vielleicht billigen Motiven der Begriffsbildung entschlägt? Es erscheint mir nicht gerade intelligent, die Definition von Intelligenz zu vermeiden.« Kaum legte er los, kam Erleichterung über ihn und ebenso über die Konferenzteilnehmer vonseiten der Firma: Wie immer schaffte sein Wort Raum, in dem man sich rühren konnte. Er vermied jeden Druck, vielmehr parlierte er so, als müsse man seinen Worten immer noch einmal nachfragen. Er wollte niemanden die Meinung aufoktroyieren, die erst einmal seine ureigene Oktus-Sicht war.

Der Elektroingenieur hatte eine verwaschene Diktion, dazu eine ganz ungewöhnliche Sprachmelodie. Er betonte die falschen Silben, er senkte die Stimme, wenn es um das Wichtige ging, unterstrich das Nebensächliche mit Gestik und rauem Laut. Sprach er, meinten viele, er wäre ein Ausländer, der gar nicht das Deutsche spreche, sondern irgendeine unverständliche Mundart eines fremden Eingeborenenstammes, und der nun mühsam einheimische Brocken grammatikalisch falsch dazufügte. Man musste sich in seine Ausdrucksweise erst ziemlich hineinhören, dann entstand eine Ahnung von dem, was er meinte.

»Warum also wollen Sie sich drücken vor der komplexen Definition von Intelligenz? Ist Sie ihnen nicht operational genug? Zu wenig mit Quantitäten messbar? Sie als Mathematiker und Informatiker geben sich ahnungslos, was Intelligenz betrifft: warum? Und dann sprechen Sie uns von: Künstlicher Intelligenz. Das verstehe ich nicht. Das ist mir zu provisorisch. Wollen Sie sich einen voraussetzungslosen Raum schaffen, in dem Sie, weil Ihre Kollegen nicht wissen, was herauskommt, die Freiheit behalten wollen, alles x-Beliebige als intelligent herauszustellen? Genauso ist es doch auch jetzt: Sie vermeiden, indem Sie Intelligenz nicht definieren, ehrlich über kleine und große Lösungen zu sprechen. Dabei wissen wir alle: Sie können nur die kleine Lösung angehen, also Mustererkennung, Spieltheorie, Schematismen und Ähnliches: Echtes Bewusstsein zu schaffen ist Ihnen völlig unmöglich, aber Sie behalten es sich vor und kennzeichnen das nicht als Utopie – denn das könnte die Werbewirkung schmälern! Nichts wirbt so gut wie das Unverschämte! Zumindest anfänglich! Nachhaltig ist das nicht! Und damit ist klar, was Sie wollen: Sie sehen einen Markt und wollen groß verkaufen! Nun, das wollen wir alle, hier in dieser Firma: Wir alle aber geben das von Anfang an zu, Sie nicht: Ihr Spiel ist doppeldeutig.« Er spuckte das in seinen unverständlichen Betonungen in den Raum, in vorwurfsvollem Ton, war es eine Frage, war es ein Statement, war es eine Verurteilung? Und es war ja ziemlich direkt. Zumindest war es eine Art lange Ansprache. So gewann er Zeit, so gewann er Raum, so entstand ihnen allen Freiheit, sie atmeten auf, denn sie wussten: So ging es gleich gut weiter, Murrmann übernahm das Ruder.

Und, nicht faul, stieß der gleich noch eine Satzfolge hinterher. Sie fragte wohl nach dem Ursprung der Gleichungen, sie schien ihren Zusammenhang mit der Elektronik zu karikieren, zugleich schmähte sie etwas jungenhaft hoch in den Raum hinein über irgendwelche methodische Nachlässigkeiten. Die Zuhörer lauschten betroffen: Es war wie in der Philosophie-Vorlesung, niemand verstand ein Wort, die Studierenden klammerten sich an nonverbale Bedeutungen, an die Miene, das streng gekräuselte Haar, den immer gleichen braunen Anzug, sie lauschten der Stimmlage nach. Sie suchten ein Lächeln im Gesicht ihres »Professors«. Auch der Chef, Hubertus Plicht, folgte dieser Rezitation fasziniert: Genau eben das, was geschah, das hatten sie von Oktus Murrmann erwartet, und nun blickten sie gespannt hinüber zu dem wortführenden Dr. Schönherz, dem Erfinder herrlicher IT-Programme, dem Verkünder von Schlaraffenländern des Künftigen, dem Messias der elysischen Technik, der Lösung der Lösungen überhaupt: dem Heiland der Software!

Da aber legte der Dr. Schönschmitz-Schönpfiff los! Und wie! Denen zeigte er es! Er war ja präpariert! Er hackte auf sein Tablet ein, an die Wand gebeamt erschienen endlose Gleichungen kompliziertester Dimensionalität, Bruchstriche und Summenzeichen wirbelten durcheinander, Vektoren, Quadrate steigerten sich bis in die höchsten Potenzen, unvermutete Schlaumeierlösungen wurden gewählt, frappante Kürzungen traten ein – und am Schluss prangte ein verblüffendes Ergebnis: Es war die Umsetzung des Allerschwierigsten hier geradezu wie aus dem Nichts gelungen, es prangte da ganz einfach, warum war bloß niemand vorher darauf gekommen? »Was zu beweisen war! Kuh – Eh – De! Quod erat demonstrandum!«

Dr. Schönschleim zeigte sein lächelndes Glanzgebiss, er hatte das Unbeweisbare bewiesen. Da stand es! Und wer es nicht begriff, der war selbst schuld: Statt zu widersprechen sollte er doch lieber jede Menge vieldimensionale Kettenregeln und mehrdimensionale Analysis studieren. Alles war klar! Aber Oktus Murrmann wusste: Das war bloß ein Blender des Verkaufs, ein künftiger Manager, und auch jemand, der seinen Platz – seinen, den ›Oktus-Platz‹ – übernehmen würde, ein Machtmensch, ein Gewinner, ein Sieger, einer, dem die Verfügung über andere mehr als Murrmann zurieselte!

Und noch einmal sprach Oktus Murrmann auf den Dr. Wunderschön ein. Noch einmal ließ er die Versammlung im Konferenzraum staunen, seine Satzfolge klirrte und holperte herbei, fragte, zagte an der falschen Stelle, betonte die Gedankenstriche, schien dauernd enden zu wollen und endete doch nie, ungeschickt setzte er Assoziation auf Assoziation, ein Immanuel Kant konnte es nicht besser machen: Wie betäubt saß die Runde. Doch es war, als begännen die an die Wand projizierten Formeln zu leuchten, geradezu als regte sich ihnen eine Antithese. Der Dr. Wunderbluff atmete mehrmals scharf ein, bevor er aber ansetzen konnte, bevor er den Mund aufmachen konnte, plauderte Murrmann schon wieder dazwischen, und er ließ eine Rede vom Stapel, da purzelte T. S. Eliot mit Trakl zusammen, in unfassbaren Auslassungen und gespickt mit Gedankenstrichen. Ja, es war moderne Lyrik, in der niemand den Hauptsatz von Nebensatz unterscheiden konnte – geschweige denn wollte. Denn es war einfach: Kunst. Und während dieses Referats dachte Oktus Murrmann als Einziger daran, wie lärmempfindlich sein

Chef war: Wenn derselbige Herr Hubertus Plicht sprach, durfte kein Bleistift fallen, niemand sollte in der Aktentasche kramen, das höchste Sakrileg wäre es gewesen, wenn ein Handy zu läuten begonnen hätte.

Und deswegen schalteten alle Anwesenden ihre telefonini immer sehr sorgfältig aus, um ja in der Konferenz nicht aufzufallen: Denn ein Vergehen gegen das Schweigen, wenn der Chef sprach, war schon einigen Mitarbeitern übel bekommen, einem besonders »Vorlauten« war sogar gekündigt worden! Und vor allem die zwanghafteren Frauen überprüften mehrmals vor der Sitzung, ob das Handy schon »aus« war. Oktus Murrmann also ließ einen Satz kringeln, in den bog er einen Nebensatz, den hüllte er in einen völlig unangebrachten Ausruf! – Wie ging es bloß weiter?

Dem Himmel sei Dank! Oktus Murrmann hatte sein Diktiergerät in der Tasche seines braunen Cord-Jacketts. Kaum berührte er den Knopf, verflog alle Furcht, aller Schrecken, jeder Abgrund und alle Überwältigung. War vernichtet, war verschwunden! Pling! Er drückte den Knopf.

– Oktus Murrmann drückte den Knopf!

Alle Mobiltelefone der Umgebung – das heißt bis zu zwei Kilometer Umkreis! – fingen in höchster Lautstärke an, sich bemerkbar zu machen. Klingeln, Schellen, Krachen, Brechen, Schallen, Hallen, Tuten, Surren – alles war eins! Die Fenster klirrten! Straßenbahnen hielten abrupt, Autofahrer vermieden in höchster Reaktionsschnelle Unfälle, Fußgänger blieben auf dem Zebrastreifen ganz unmotiviert stehen, stockte nicht alles? Gut, dass die Krankenhäuser, Bahnhöfe und Flughäfen genügend weit weg waren! Bleiches Erschrecken malte sich auf alle Gesichter im Konferenzraum, der Chef barg sofort den Kopf in den Händen, wie oft in Migräneanfällen geübt: Hoch irritiert, aber immer noch zähneblitzend heiter blickte Dr.

Wundersam im Chaos um sich. Denn vor seinen Augen bogen sich wuselnde Menschenmengen unter die Tische, eine ganze riesige Fülle von Fingern, Händen, Armen kramte in ihren Jacken, suchte in ihren Taschen, unter Stapeln – wie gut war es doch gewesen, dass Oktus den Vortag zum Basteln genutzt hatte!

Einstmals, vor etwa zwanzig Jahren, er erinnerte sich überdeutlich, hatte seine Firma unter seiner Leitung die »Intelligente Autobahn« gestartet! Man fuhr im Nebel auf die riesigen neu errichteten Bildschirme los, man tastete sich vor, schön langsam, man ließ die Scheibenwischer laufen, man suchte nach den Schaltern für die Nebelscheinwerfer, fand sie mühsam, und derweil kam die Anzeige näher, man konnte sie nicht lesen, es war ja ein dichter Nebeldunst davor und überall, man sah nur vereinzelte Buchstabenzeichen, mal heller, dort wieder verschwommen, dann befand man sich nur noch ein paar Meter davor. Jetzt konnte man lesen: »Vorsicht! Nebel!« – Ein riesiger Fortschritt der Wissenschaft war entstanden! Es war Nebel da, und es wurde auch: »Nebel!« angezeigt!

Das war so intelligent wie sein Navigationsgerät, im Auto. Er war nach Ludwigshafen hinübergefahren, und wollte nun eine Straße per Spracherkennung eingeben. Dazu musste er aber sagen, »Ludwigshafen, Mühlstraße«! Er sprach das aus, da antwortete ihm die Frauenstimme im Apparat, stockend, weil Buchstaben zusammenstückelnd, wahrhaftig mit »Utting am Ammersee«! Das Idioten-Gerät merkte nicht einmal, dass sie schon in »Ludwigshafen« waren! Er wiederholte also die gesuchte Straße. Da erhielt er den Ort »Putlitz in Mecklenburg-Vorpommern« empfohlen!

Und dann? Potz Blitz noch mal! Warum funktionierte das nicht? Mit größtem Sprachaufwand waren nach einer Viertelstunde zwei Worte – ! – verstanden worden, da hieß es schon: »Fahren Sie rechts, Sie haben ihr Ziel erreicht!« Aber da war rechts gar keine Straße, da war: ein steiniger Berghang! Oktus erschauerte! Einen solchen Felssturz gab es in Ludwigshafen ja gar nicht! Oder seit wann? Wo war er hingeraten? In den *Fluss ohne Wiederkehr*? Wohin hatte ihn das Gerät entführt?

Es war Nebel, und die Intelligente Autobahn zeigte an: »Nebel!« Toll! Überirdisch! Dieser Sprung für die Menschheit war damals mit allen Mitteln ausgeknobelt worden: Eine virtuelle Lösung, ganz ähnlich, wie auch jetzt Verkehrsprobleme gelöst werden. Denn das Motto lautet: Wenn kein Verkehr ist, gibt es auch keine Verkehrsprobleme. Man lässt also, als intelligenter Politiker, über jeden Stau ein Flugzeug mit der Fahnenaufschrift fliegen: »Wärest du zu Hause geblieben, säßest du nicht im Stau!« Hatte nicht vor Kurzem ein Professor für mobile Infrastruktur behauptet, vor dem Bau von Straßen müsse man Verhaltensveränderungen initiieren? Warum war er dann Verkehrsplaner und nicht Verkehrstherapeut geworden? Er löste die eingetretenen Probleme wohl auf der überdimensionalen Couch, auf der die Gesamtheit der Deutschen – reichte das? – lag! Das war die neue Soziotherapie! Di-Bal lässt grüßen!

Und der Dr. Wundersmart, der Kakadu mit der Wiedergängermiene aus Eden – der wusste das schon lange! Und alle Politiker auch! Und auch die Ingenieure: darum wurde ja kein Flughafen mehr fertig, keine Straße, kein Bahnhof, darum funktionierten nicht einmal die Gewehre, die Hubschrauber, die Transportflugzeuge der Bundeswehr mehr! Man schreibt eben die Lösung bloß auf, das genügt: Das ist das moderne »Fertig!« Man sagt: »Das ist das Beste!« Und dann ist es auch das Beste. Punkt.

Wie hatte sich Murrmann damals für seine Firma geschämt! Wegen der »Intelligenten Autobahn«! Wie hatte er sich hinter dem Öffentlichkeitsreferenten versteckt! Wie hatte er hinfort jeden Kontakt mit diesem Mann gemieden, der unverschämt jedem Reporter diese Lösung weiter feilhielt. Für ihn war er ein Fürst Metternich des Schwachsinns, er ließ alle tanzen, und heraus kam nur Unsinn!

Man musste ja nur etwas für richtig halten, das reichte! Doch wie hatte es geendet? Hubertus Plicht hatte eines Tages klammheimlich alle Schilder entfernen lassen, und zwar unter dem Vorwand von »neuen Installierungen an der Intelligenten Autobahn, im Rahmen der Energieersparnis«. Energieersparnis: Die war ja auch eine dieser Killerphrasen, der niemand zu widersprechen wagte.

Ein Höllenlärm war im Konferenzraum entstanden. Die Handys ließen sich nicht mehr beruhigen. Entsetzt verständigte man sich: »Die laufen jetzt so lange – bis alle Akkus leer sind!«

Murrmann reichte seinem Chef Ohropax hinüber, der nahm das unendlich dankbar an: Aber wie sollte man eine Konferenz durchführen, in der Teilnehmer Ohropax in den Ohren hatten?

Dr. Schönfurz sprach ins Leere, er bewegte die Lippen, aber kein Schall drang mehr durch den Dauerton: Jetzt waren seine Phrasen auch einmal abgewürgt! Endlich! Wo hatte Oktus solche vergeblich sich bewegenden Lippen schon gesehen? Wenn er den Nachrichtensprechern in der Tagesschau den Ton abdrehte, oder den Schaufensterpuppen in den deutschen Filmen: Alle Scharlatane der Schwarzen Magie enthüllten sich so, wie die Zeitlupe die Tricks der Illusionisten enthüllt. Das Wichtigste aber war: Niemand hörte mehr auf den Dr. Schöngauch. Hier siegte das metaphorische »Bratak, Bratak!«, aber auf den einfachen überlauten Klingelton reduziert.

Alles löste sich auf, niemand war im Stande, die Mobiltelefone zu stoppen. Zugleich wurde schlagend klar, wohin die Enthemmung der Kommunikation führte: Eine fürchterliche Verwirrung ließ bald alle guten Normen und Regeln außer Acht. Es war, in einem Handy-Mobbing der »Dritten Art«, ein erster Aufstand der Maschine, eine Diktatur des IT-Proletariats entstanden, oder die künftige Herrschaft der Affen über den Planeten der Künstlichen Intelligenz.

Murrmann taumelte nach Hause. Er fühlte sich von der Polizei gejagt: Sie war ihm auf den Fersen! Sie traten ihm schon in die Hacken, so verquer konnte er seine Schliche gar nicht mehr anlegen. Die Kommissare saßen bereits, in möglichst durchsichtigem Inkognito, in der Straßenbahn, grüßten verdächtig freundlich im Park, hatten sich unter die trinkenden Penner gemischt. Oder sie drängelten im Geschäft hinter ihm in die Schlange, legten verdächtige Zeitschriften – und nicht mehr als die! – auf das Förderband zur Kasse. Oktus witterte überall – man vernehme: »über-all«! – Unheil.

Er hatte unter dem Mantel seine Jacketttasche eingerollt umfasst, er krümmte sich darum herum wie der um sie geknüllte Mantel. Selbst zu Hause im Treppenhaus murmelten sie schon undercover. Was gab es da herumzumelden? Aus dem Keller nach oben? Kanalig und spionisch und unterirdisch-rau?

Sein Schlüssel rasselte ins Schloss, die Tür ging auf, Murrmann warf sie krachend ins Schloss! Bratak! Doch auch hier war keine Ruhe: Eben das Gegenteil waberte im Raum, fiebernde Spannung. Die eine der beiden Schwestern, die Irina, war gegangen, statt ihrer war die unverschämte Luluganda gekommen. Ihrem Namen gleich gurrte sie durch die Zimmer, sie gluckte wie die brütende Henne: Oktus Murrmann hörte sie von ferne, der Ton nahm ihm jeden Mut, er verhieß nichts Gutes. Und so vermied er jede Diskussion, er ging in den Hobbyraum und verrammelte die Tür: Dort grübelte er über seinen Schaltplänen, den Lötkolben wie eine Waffe in der Hand. Hinter ihm strahlte der Volta von der Wand: Zuckte er etwa gerade vor der elektrisierenden Voltaschen Säule zurück? Die er aus Versehen berührt hatte?

Hatte Tesla nicht zu seiner Zeit eine Methode der drahtlosen Übertragung von Energie gekannt? Wäre es so nicht möglich, die Mobiltelefone mit ewigem Saft zu versorgen? Statt mit den anfälligen Akkus? Und konnte man nicht auf gleichem Weg allen auch: den

Saft abdrehen? Und allen Computern gleich mit? Gab es den »Null-Befehl«, der, ausgestrahlt, alle elektrische Energie automatisch auf Null setzte? Eine Schaltung in Raum und Zeit, die einen Planeten oder ein Sonnensystem der Ausnahme unterstellte: »Hier fließt kein Strom«? Konnte so die Herrschaft über die Maschine und über die robotische Intelligenz behauptet werden? Wie war darüber hinaus vorzubeugen, dass die Maschinen sich selbst einen Schalter konstruierten, der das Schalten und Walten der Menschen verhinderte?

Bei diesem Gedanken angekommen, fing Luluganda draußen auf dem Flur zu rumoren an. Sie hatte anscheinend einen überdimensionalen Staubsauger eingeschaltet: Hatte sie den etwa von den Ghostbusters ausgeliehen? Die hatten doch auch so einen! Gegen die bösen Geister! Dieser Staubsauger saugte nicht nur den Staub vom Teppich, sondern nahm auch gleich den Teppich mit, und mit dem Teppich, und mit dem Staub: auch den Fußboden und vielleicht sogar noch den Plafond der unteren Wohnung. Und in dem infernalischen Lärm des Staubsaugers erloschen alle guten Gedanken, die Murrmann gerade gekommen waren. Jetzt hieß es Geduld wahren! Ewig konnte die da draußen nicht saugen! Und tatsächlich, nach etwa zwei Stunden ließ der ohrenbetäubende Lärm nach.

Oktus suchte im aufgekommenen Kopfweh zu seinen Gedanken zurück: Er begann damit, dass morgen die Konferenz wiederholt werden sollte. Der Sinn des Konferierens ist, dass man nächste Konferenzen ansetzt. Unsere Tradition ist es, die Tradition aufrecht zu erhalten. Unsere Gedanken denken das, was wir denken. Wir senden Sendungen: Und wir empfangen, was? Empfängnisse? Empfangen wir Empfänger oder Sender? Er kam heute nicht weiter: Luluganda hatte ganze Arbeit geleistet. Sie war eben eine typische Vertreterin des 21. Jahrhunderts, sie kannte alle tiefsinnigen Erklärungen, sie hatte die Skepsis der Postmoderne im Pleonasmus überwunden, und sie wusste jene Zauberworte, die jeden Widerspruch im Totschlagargument erstickten. Sie saugte: nachhaltig. Klimaneutral. Die Schwarze Null stabilisierend.

Der Verkehrsstau entsteht, weil zu viele Autos da sind: Darum muss man, um einen Stau zu verhindern, die Zahl der Autos reduzieren. Künstliche Intelligenz eben! Das Wetter ist warm: Das muss die Klimakatastrophe sein. Und genauso, wenn das Wetter kalt ist, oder wenn es regnet: Es ist die Klimaveränderung! Selbst wenn die Eiszeit kommt: Schuld daran ist die Erderwärmung! Schuld an diesen Veränderung sind nur diese fortwährenden unglückseligen Veränderungen: Darum weg mit all den störenden Intermissionen, Emissionen und anderem Magenknurren, das unseren Verkaufs- und Werbewillen stört! Was für ein -ismus war das eigentlich? Der Imperialismus des Informationismus? Der Tautologismus der Disjunktionismus?

Was war nur geschehen? Wieso fiel ihm nichts mehr ein außer Paradoxien? Als Stilblüten und Redundanz-Redundanzen? Warum starrte er die Platine an, den erkaltend rauchenden Lötkolben in der Hand – und wusste nicht mehr, was er wollte?

Wie sollte er nur ins Schlafzimmer gelangen? Musste er gar in der Werkstatt übernachten? Nein! Das wollte er nicht. Oder sollte er doch mit Luluganda sprechen? Was sollte er sagen? »Dein Staubsauger infiziert mich mit Alzheimer! Er macht mich dementer als das Klingeln der Handys! Und die dauernd mitgehörte sogenannte halbe Kommunikation! Wo man niemals erfährt, was jemand isst oder trinkt!« Wie würde sie das verstehen? Sollte er sie fragen? Sie auf die Probe stellen? Konnte er seine Angst vor ihr überwinden?

Er legte seine Arbeit beiseite, tastete sich zur Türe. Er schloss auf, lauschte, dann drückte er ganz sacht die Klinke: Sie sollte nichts hören! Er musste hinausschleichen!

Die Wohnung war totenstill. Nichts rührte sich. Er schöpfte Mut. Nun tappte er durch den Gang, auf Zehenspitzen. Als er an der Küche vorbeikam, drückte er, weil er an der Wand Halt suchte, die nur angelehnte Türe – rein aus Versehen! – auf. Da saß sie! Da drinnen! In der Küche! Auf dem Küchenstuhl! Ihr Augenstrahl traf ihn, schmetterte ihn nieder!

Er erschrak, schauderte zurück, sprang fast aufschreiend den Gang hinunter: nur nichts hören! Nur nicht diesen Gluckenton und diese grauenvolle Selbstbezogenheit der brütenden Henne! Dieses in sich vertiefte selbstzufriedene Brummen! Doch dann rief etwas in ihm: Halt! Bremsend rutschte er auf seinen Socken dahin, wie anno dazumal beim Bohnern. Er schleifte beim Halten-Wollen noch fort, blieb endlich stehen, fasste sich. »Nein«, sagte Oktus Murrmann nun zu sich, »jetzt renne ich nicht mehr weiter. Ich stelle mich.« Er blieb auf dem glänzenden Stragula stehen. Wendete sich um.

Und er nahm sich vor, diesen Glucken-Ton mit seinem superfeinen Mikrofon aufzunehmen, und ihn durch die Handys und Computer und durch Radios, Fernseher, iPhones und Androids durch die ganze Welt gluckend glucken zu lassen: Genauso sollten hinfort die Töne sein, die diese Automaten von sich gaben! Und er ging die paar Schritte zurück und stieß ermutigt die Küchentüre noch einmal auf: Sie war, träge wie sie in den Angeln zu drehen pflegte, bereits wieder halb zugeschwungen.

Er stand im Türrahmen und sagte: »Was wird wohl dauerhafter sein, und für die Ewigkeit tauglicher: dieses Glucken der Horizontlosigkeit oder mein entgrenztes fragiles Sein, das dauernd zerbricht? Deine für alle Zeit festgezimmerte Identität oder meine für immer notwendige Unsicherheit, die doch bergender sein könnte als dein kurzsichtiges Brüten?«

Warum antwortete Luluganda nicht? So wie sie aussah, hatte es ihr die Sprache nicht verschlagen, sie druckste herum, legte sie ein Ei?

Nahm denn heute das Grauen kein Ende?

Er sagte: »Wer bist du? Gehörst du auf dem Planet der Affen zu den Orang Utans, die die ethischen Normen begründen und festschreiben? Oder gehörst du zu den Gorillas, die unbrauchbare Steinschloss-Gewehre fertigen, ihre Pferde zuschanden reiten und aus dem Sattel zwanzig Meter weit springen? Du bist doch sicher eine von der zweiten Sorte: Das will mir hier in dieser friedlichen Wohnung, die jeder ungesunden Erregung abhold ist, gar nicht gefallen. Von den menschlicheren Schimpansen: Rede ich gar nicht.«

Was war bloß mit Luluganda los? Hatte sie sich selbst ihre bezwingende Kraft mit dem Staubsauger der Ghostbusters weggesaugt? Saß sie jetzt fest im Gitter elektromagnetischer Aktivität, das sie hilflos machte? Wohin war nur ihre übermenschliche Aktivität verschwunden: Brauchte sie etwa den Arzt?

Sie atmete nur noch schwach! Sie konnte ja kaum noch glucken!

Oktus Murrmann hielt ihr einen Spiegel unter die Nase: Ja, er beschlug, sie bekam Luft. Er sagte: »Nimm doch eine Tablette, dann wird dir besser!« Und als er dieses sagte, wusste er, dass dieses der völlig unpassende Ratschlag war: Was aber sollte er stattdessen sagen? Er war doch machtlos. Und sie hatte es immer so gehandhabt. Darum fuhr er fort: »Ich gehe jetzt, dann kannst du weiter saugen, wenn du willst. Und, wenn du jetzt nichts sagen kannst, das macht nichts, ich rufe dich gleich auf deinem Handy an. Dann unterhalten wir uns, wenn es sein muss, auch einmal schweigend.« Und er ging.

Er legte sich zu Bett. Voll angezogen. Jetzt horchte er in den Flur hinaus, zur Wohnungstür hinüber: Da tat sich was! – Dort war das Leben zurückgekehrt!

Türen klappten auf und zu, dann wurde am Hobbyraum geklopft! Gut, dass er dort abgeschlossen hatte. Nun kamen Schritte die Diele herunter, die Tür ging leise auf, ein Lichtstrahl fiel herein – aber Oktus sah nicht hin. Er hatte sich die Decke über die Nase gezogen. »Also: Gute Nacht dann!«, hörte er.

Das klang doch irgendwie: leise. Wo war das Rauschen? Das Einsaugen? Er sagte nichts. Und er hörte nur noch: »Ah … ah … ah …!«

Was sollte das bedeuten? Waren das Laute des Schmerzes? Oder war es der Versuch zu sprechen, im ersten Buchstaben eines Satzes, eines Wortes? Handelte es sich gar um einen Hinweis, für ihn? Hatte er etwa die Luluganda verkannt? War sie doch betroffener, als er gemeint hatte? War sie viel feinfühliger, als er je geglaubt hatte? War sie etwa auch nach … Liebe bedürftig, und niemand gab ihr Zuneigung? Und dieser Oktus da: Der wollte einfach ihr Held nicht werden? Warum nicht?

Weil er an die intermittierenden Variablen glaubte. Weil er alle Normen und Normenvertreter hasste. Nein, weniger hasste: sondern durchschaute! Er war ein Liebhaber des Schrillen! Von Marsianern, denen wegen eines jaulenden Gejodels das Hirn auslief. Und das war genau das Gegenteil von Lulugandas Glucken.

Jetzt klinkte die Schlafzimmertüre. Schritte wurden leiser, die Wohnungstür öffnete sich, klackte in ihrer bekannten ungeschmierten Art vernehmlich ins Schloss. Prack! Jemand tappte die Treppe hinab: Die knarzte genau an den richtigen Stellen. Oktus hörte das bis ins Schlafzimmer, das ans Treppenhaus grenzte.

Dann prallte die Haustür ins Schloss, und ein Zittern drang durch die Mauern bis ins Bett herein. – Luluganda war gegangen! Oktus konnte es gar nicht fassen. Sie hatte ihn nicht gequält! Welch ein Erfolg! Wie hatte er es nur geschafft, sie loszuwerden? War es etwa sein Angebot gewesen, sie demnächst einmal anzurufen? Waren darob alle Bitterkeit und alle Tränen verschwunden gewesen, die er mit ihr und über sie schon vergossen hatte?

In einem durch und durch erholsamen Schlummer schlief sich Oktus Murrmann nun alle Erkältungs- und Grippezeichen weg.

8. PACKUNG

Am Morgen wisperte Jorinde ins Zimmer. »Guten Morgen!« – O Gott! Musste das sein? – Die stand doch im Bann der Hexe, bis dann, »wenn's Mondel ins Körbel scheint«!

Nachtigallengleich zirpte ihre Stimme: Sie sang ein Lied von dem zückenden, verzückenden – Zücküth! – Schluchzen des Singvogels, einer Grille oder Zikade gleich, die nimmermüde ihre immergleiche Monotonie bramarbasierte. Das war nicht auszuhalten. Sprechen konnte man mit ihr nicht, und bloß ihren hinschmelzenden Augenaufschlag zu genießen, das genügte auch nicht. Und ein Frühstück bereitete sie nicht! Was wäre da auch bei ihrer leblosen Bleiche und der biegsamen Mannequin-Schlankheit herausgekommen?

Oktus Murrmann floh ins Café. Dort gelang es ihm zuerst, die Konferenz ein paar Tage hinauszuschieben. Ein einziger Anruf genügte, er müsse sich noch »algebraisch« und auch »algorithmisch« vorbereiten: Und das konnte doch dem Dr. Grandezza-Blaudunst gar nicht schaden, wenn er warten musste! Hubertus Plicht stimmte dem sofort zu.

Doch warum seufzte der Hubertus so seltsam? Warum sprach er so stockend? Murrmann kam es so vor, als wolle sein Chef ihm etwas mitteilen, brächte es aber nicht heraus – nicht übers Herz. War die Leitung zwischen ihnen matt geworden? Nicht mehr poliert? Und nicht mehr gelötet? – Es lief irgendwie nicht.

Schließlich bedachte Oktus Murrmann Herrn Plicht mit dem Satz: »Die Bedrohung durch die Maschine ist nicht in ihrem Funktionieren gegeben, sondern in der probabilistischen Willkür ihres Versagens. Die Diktatur des Zufalls ist schlimmer als jede andere.« Obwohl der Satz mit ihrem Telefonat fast nichts zu tun hatte, setzte er ihn hin. Daraufhin schwieg Herr Hubertus Plicht wieder ins Rohr. Was hatte er, warum verabschiedete er sich nicht? Es war doch an ihm, das Gespräch zu beenden? Holte er noch einmal Luft?

Von beiden Seiten begegnete sich nun in der Leitung ein sich stoßendes Schweigen. Murrmann sagte: »Also dann …«, aber es kam nichts zurück, schließlich sagte auch der Plicht: »Also dann …«, und weiter nichts. Was gab es denn noch zu reden?

Das waren die Situationen, die Murrmann am Telefonieren so hasste: Plötzlich erlosch die Kommunikation, als hätte ein Unsichtbarer ihr Kryptonit verabreicht, und nun stand man völlig lächerlich im Spandex-Strampelanzug auf der Straße und stoppelte herum. Wenn man wenigstens gestottert hätte! Aber so verstummte man. In einer erloschenen Kommunikation, zu Asche verbrannt, passte einfach nichts mehr zusammen, und das, was man vorgab, war nur noch Formel und Enttäuschung. Murrmann fiel bloß ein: »Wer die sich selbst reparierende Maschine erfindet, der ist zu fürchten: Denn dann wird das Wunderbare einfach zu …«, er wusste nicht weiter. Am liebsten hätte er ergänzt: »… jenem Regisseur, der über seinen Film einen Making-of-Film dreht: Öder geht es nimmer. Der Künstler, der sich selbst versteht, der ist doch: kümmerlich.« Er sagte aber nichts.

Und Herr Plicht wiederholte nach einem noch einmal bedrängenden Zwischenstück: »Also dann … bis dann.« Und er legte auf, es knackte, vielleicht war es eine Störung.

Murrmann lauschte, ob er auch wirklich unterbrochen hatte, und sagte: »Sind sie noch da …?«

Summte es in der Leitung? Er konnte nicht unterscheiden, ob das Gegenüber schwieg oder aufgelegt hatte: Genau das waren die verflixten Ingredienzien beim Telefonieren, die Qual, dass er hier so lange reden konnte, wie er wollte, der andere verhielt sich still und versteckte sich in der scheinbar toten Leitung. So sagte er laut ins Café hinein, nur nebenbei bestimmt für seinen Anruf: »Lüge, alles Lüge! Niemals fällt jemand ins Hasenloch! Und nie gibt es eine Grinsekatze, oder eine Mary Poppins, keine Nanny McPhee. Und Kevin war noch nie allein zu Haus!« Und er legte das Handy weg.

Der Satz gab ihm Kraft und Appetit zurück. Er bestellte einen doppelten Cappuccino mit einer dicken Butterbrezel und verspeiste diese hastig: Die Butter war zu hart, das Salz auf dem Backwerk zu wenig, die Mitte des Bauches der Brezel war zu hoch aufgeplustert, und die Lauge schien bereits etwas alt und schwachbrüstig – da fiel sein Blick auf seine Nebensitzerin, eine Rothaarige mit einer grünen Wollmütze, die ihren Schädel wie ein Klammer umschloss, und deren rote Haare um den malträtierten Kopf etwas vereinzelt aus der Umspannung hervorstanden. Sie kroch eben telefonierend geradezu in ihr Handy hinein – Herrgott, es war die Jorinde! Die war ihm ins Café nachgelaufen. Oder hatte sie ihn gar hierher begleitet, und er hatte es nicht bemerkt? Sie hatte ihren rot und grün und braun karierten Poncho an, darunter sah ein kräftig rotes Sweatshirt hervor: Mit wem telefonierte sie wohl?

Murrmann fingerte entschlossen in seine Jacketttasche: Er drückte den Knopf. Sofort sah ihn Jorinde mit ihren großen leuchtend grünen Katzenaugen vorwurfsvoll an. Sie schmollte und sagte: »Das warst doch du! Was willst du?«

Er ließ den Knopf nicht los: Schon sanken im Café alle Handy-haltenden Hände herunter, Ratlosigkeit breitete sich aus. Wurde es nicht plötzlich stiller? Es war, als träte ein Schweigen zur Türe herein, vom Käfertal, und von den stillgelegten Eisbuden, wie ein Winterwind, richtiggehend wohltuend.

Jetzt rückte ihm aber Jorinde auf den Leib. »So was kannst du doch nicht machen! Aber ich kenne dich: Du willst alle zum Schweigen bringen, du gönnst niemanden eine Freude! Lieber sollen alle so traurig werden und so einsam sein wie du.«

Murrmann schüttelte den Kopf und tat, als höre er nicht. Ingrimmig murmelte er in sich hinein: Ja, wenn ihr euch über jeden

Dreck freuen wollt! Und Jorinde sprach wieder von Freudlosigkeit, von Isolation, von Gehemmtheit, von Unmännlichkeit.

Dann setzte sie hinzu: »Nicht einmal ein bisschen plaudern willst du einen lassen. Nicht einmal ein bisschen Zuneigung willst du einen auskosten lassen. Ich muss aber jetzt sprechen: Ich will reden – und jetzt rede ich mit dir! Das hast du nicht berücksichtigt: Jetzt bist du dran! Und ich rede dir die Ohren voll und dringe dir ins Hirn, mit meinem Wort, mit meinem Satz, ohne Punkt, ohne Komma!« Wie ihre Namensgeberin war sie ein gefangener Vogel, der sang im Käfig! Oder erinnerte sie in ihrem hohlen aufgeplusterten Gezwitscher vielmehr an den Paradiesvogel, den Dr. Preller-Glorifikator? Aus dem Dschungel von Schlaraffia? Und waren die Saurier vielleicht nicht übergroße Vögel? Gehörten zur Ornithologie? Sie hatte doch auch so schreiende Kakadu-Farben an wie der besagte Herr Doktor. Er innerlich, sie äußerlich.

Oktus Murrmann sah ihr auf die Nasenwurzel, nein, er sah ihr durch die Nasenwurzel, und er sah ihr durchs Gehirn: Er machte es genauso wie sie, nur nicht mit Tönen, sondern mit Blicken. Und er hätte ihr hinten am Hinterkopf herausgeschaut, hätte ihn nicht das abstoßend Hässliche der grünen kratzigen Wollmütze derart irritiert, dass er gehindert wurde, weiter durchzublicken.

»Übst du schon wieder Kritik an meinem Aussehen? Passt dir die Mütze nicht, magst du die Haarfarbe nicht, und die Fingernägel, und die Sommersprossen und die Kombination von starken warmen Winterfarben? Würdest du mich nicht anrühren wollen, diese bleiche Haut, diese mageren Muskeln, diese fledrigen capelli?« Jorinde formte einen Kussmund, allen ihren verächtlichen Worten zum Trotz.

»Nein«, sagte Murrmann, »mir gefällst du sogar ausnehmend gut! Ich liebe diese keltische Bleiche, diese weiße Gesprenkeltheit, diese grünen Augen zu den roten Haaren! Du gefällst mir! Überaus sogar!«

»Ja, schon wieder hast du es jetzt erreicht, dass du mich von der Seite anquatschen kannst. Als ich aber ›Guten Morgen‹ sagte, da stelltest du dich schlafend und taub. Das habe ich sehr wohl bemerkt!« Sie hob ihren Poncho hoch, breitete sein schreiendes Karo-Flechtwerk aus, setzte sich gerade. »Dann renne ich dir ins Café nach – dort setze ich mich neben den, den ich nicht mag, dessen Haar ich hasse, diese ungefüge Krause, diese trocken-fettige Wolke, die das zu klein geratene Haupt wie eine Perücke umgibt! Ich krieche zu dem an den Tisch, dessen Mund ich verachte, weil er nie etwas Schönes spricht, weil er nie lächelt und nicht küssen will! Deine Nase ist für mich eine Beleidigung, für jeden Menschen voll ästhetischem Geschmack. Zuerst ist sie krumm, wie ein Haken, der in den Mund stechen will, und braun und spitz stößt sie einen weg, und dann sitzt sie auch noch an der falschen Stelle: Sie ist ja verrückt, aus der Bahn geworfen, und dort, wo sie sein sollte, gähnt ein Fragezeichen, vor das du immer die Hand halten musst, gerade so, wie du deine Sprache im Genuschel verbirgst.«

Murrmann unterbrach sie jetzt, etwas zu heftig, er hatte sich geärgert. »Sage doch einfach: Deine Nase passt mir schon lange nicht mehr. Und dann geh! Was musst du mir auch ins Café nachrennen, wenn ich dir gar nicht gefalle?«

»Schweigen will ich«, hielt Jorinde dagegen, »von deinem fürchterlichen braunen Anzug, von deinen knochigen Knöcheln, von deinen Gelenken, in denen sich der reine Widerspruchsgeist versammelt, wie ein verstopfendes immer fester werdendes Gel! Du lötest immer zu dick, das ist dein Fehler, du verbrauchst das Material, und wenn dein Lötdraht alle ist, dann flennst du!« Herausfordernd legte sie ihren Kopf zurück, sie breitete die Arme erneut aus, der fürchterliche Poncho mit seinen die Augen beleidigenden Farben faltete sich unter ihr auseinander – das war doch astrein der Kakadu, der verführerischen Suggestion voll! Der dicke Stoff stand unter ihr wie ein grün-rot-hellbraun kariertes Gemälde von Mondrian.

Murrmann sagte, leiser geworden: »Man müsste in dich schwarze Trennstriche malen!« Und noch leiser fuhr er fort: »Ich bin eine Missgeburt – meinst du etwa das?«

Die Leute im Café waren aufmerksam auf die Szene geworden, eine neue Aufführung, ein ausartendes Gespräch belebte sie, jemand hatte den Hörer abgehoben, den Ruf angenommen: Statt in ihre wild gewordenen Solipsisten-Prothesen zu lauschen, folgten sie nun totenstill dieser interessanten Inszenierung.

Damit begann eine Serie übler Erfahrungen, die fast eine Stunde anhielten.

Zuerst kam das Essen der Jorinde. Warum wrang sie sich so widerstrebend darauf zu? Freute sie sich nicht, ihrem Leib etwas Gutes zu geben? Stattdessen stocherte sie bleich und lustlos im Salat herum: War sie magenkrank?

Murrmann schüttelte sich ab und ging grußlos fort. Aber auf dem Weg zur Straßenbahn wurde es nicht besser. Mehrere wie in Retorten gezüchtete junge Leute kamen ihm entgegen: Sie guckten alle gleich, bewegten sich alle gleich, hatten alle die gleiche Frisur, die gleichen Standard-Telefonini. Die erste sagte: »Da müsste es mich schon mehr verlocken, wenn dieses Angebot verlockend sein sollte.« Was sollte das bedeuten? Verlockte es oder nicht? Und wozu verlockte es?

Und nach dieser folgte eine weitere weibliche Person, etwas älter, die sagte laut und vernehmlich in ihr Handy: »Und wenn du deinen Vater anschreist, dann ist es fertig?« Fragezeichen.

Fertig allein war Oktus Murrmann: Hatte die jetzt den Vater angeschrien – oder nicht? Und was war ›fertig‹? Gab es denn in diesen Kommunikationen nur Gesprächsfetzen? Gingen da nur Satzbruchstücke hin und her? Das war alles: reiner Schotter! Niemand merkte das!

Zu allem Überfluss kam noch ein ausländischer Tourist oder was auch immer, der mit seinem ums Kleinhirn geschorenen oben aufstehendem Haar und dem spitz gestutzten Bart entweder Mitglied der Puritaner oder des Islamischen Staates hätte sein können. Dem baumelten einerseits weiße Schlaufen zum Handy aus den Ohren: Zugleich aber hatte er auch Kopfhörer aufgesetzt, die sich durchs Haar wühlten! Bediente der zwei Handys simultan? Und warum musterte ihn der so unverschämt: Guckte der ihn aus, ob er in einem Terroranschlag weggeputzt werden konnte? Gab der etwa schon durch: »Gute Opfer hier!«

Erschöpft sank Oktus in den Sitz der Straßenbahn: Er war so müde, dass ihn bloß noch das völlig beschmierte Display eines Mitteldings zwischen Handy und Tablet seines Nebensitzers aufregen konnte. Ja, warum putzte der Schmutzfink seine Bakterienschleuder nicht ab – sondern führte sie möglichst nahe an seinen Mund heran? Murrmann schloss die Augen: Wie sollte er den heutigen Tag nur überstehen? Warum fuhr er überhaupt zur Arbeit?

Dann wendete es sich. Kaum hatte er im Bürostuhl Platz genommen, klopfte jemand.

»Herein!«

Hubertus Plicht trat ein – an der Hand hatte er seine kleine Tochter, die Maylena! Die freute sich offensichtlich ihren guten Bekannten von der Saurier-Ausstellung wiederzusehen! Und der Chef, auch heute in seinem absurden Bootsdress, sagte: »Herr Murrmann, die Maylena hat ihr Saurier-Quartett zwar nicht dabei, aber kann sie trotzdem ein Stündchen bei Ihnen bleiben? Ich muss mich kurz mit meinem Sohn besprechen!«

»Ja, natürlich!«, antwortete Oktus. »Prima!«, bemerkte er gleich zu Maylena und nickte ihr lächelnd zu. Er freute sich!

Hubertus Plicht schob seine Tochter auf den Schreibtisch zu, sagte: »Sie ist ganz verrückt mit dem Marsianer-Video! Ich wollte es schon x-mal löschen: Es geht nicht!« Und schon war er draußen.

Oktus saß zuerst: erstaunt. Aber da war ihm die Maylena bereits auf den Schoß geklettert und sie zeigte, in ihrem kleine Mit-Trage-Kino: »Bratak! Bratak!« Und das krachende Laserfeuer ins Kapitol hinein!

Ja Himmel noch mal, warum war dieses Video nicht automatisch, wie alle anderen, gelöscht worden? Hatte da das Bauteil versagt? Nein! Siedend heiß fiel es dem Oktus ein, dass er die differente Bauweise der Kinder-Handys vergessen hatte, bei denen die Internetfunktion spezieller gesperrt war. Sein Virus war also über eine Schranke hinüber gesprungen, kam aber nicht mehr heraus! Weil der Entsperrungsbefehl nicht zu ihm durchdrang, zugleich die vernichtende und endgültige Löschung aller der Vorgänge, die er eingebaut hatte, damit der Clip nicht zu ihm zurückverfolgt werden konnte.

»Maylena!«, sagte Oktus. »Das will ich mir einmal näher anschauen!« Er nahm das Handy und öffnete hinten den Schacht mit dem Akku. Währenddessen kletterte das Kind ungeniert an ihm hoch, wühlte ihm im Anzug, ihr Kopf und Mund kam dem seinen immer näher: Wollte sie ihn küssen? Er bog den Kopf zurück, während er die Video-Datei, die in dem Foto-Pic von dem Wasserturm steckte, öffnete: Und als der kurze Film zu laufen begann, nahm er einfach die Batterie heraus. Weil die Maylena ihm bald zu nahe krabbelte, stand er auf, steckte die Batterie zurück, und gemeinsam sahen sie zu, wie das Handy langsam seine Systeme wieder hochfuhr und die quietschfarbigen Icons wieder auf der Bildfläche erschienen. Als das abgeschlossen war, öffnete er das Untersystem der Bilddateien: tatsächlich! Jetzt war das Video weg! Es war nur noch die Dateibezeichnung vorhanden – und die löschte er schnell ebenfalls.

Und belehrte sie etwas heuchlerisch: »Du musst vorsichtig mit dem Fotografieren sein und genau drauf achten, was auf dem Bild sein soll! Wenn du mal zu mir kommst, dann zeige ich dir diesen Film ganz: Du hattest ja nur einen winzigen Ausschnitt!« Das kam schon fast einem Geständnis gleich! So setzte er drüber: »Der ganze

Film ist ja noch viel witziger, da kommen nämlich noch viel mehr solche kleinen Brataks vor: Es sind aber eigentlich ganz windelweiche Burschen, denen beim kleinsten Jodler das Hirn ausläuft! Da sind deine Drachen schon besser!«

»Was machen wir jetzt?«, fragte Maylena.

»Schade, dass du dein Saurier-Quartett nicht dabei hast.«

»Du meinst das Drachen-Quartett!«

»Ja, genau das! Aber fragen wir einmal die Frau Hübner, ob die vielleicht Spielkarten hat!«

Die machte vielleicht Augen, als der Herr Elektroingenieur Murrmann mit der Chef-Tochter Maylena an der Hand zu ihr hereinspazierte. Sie hatte aber keine Spielkarten, »und selbst welche aus Papier zu basteln, das ist doch langweilig«, befand die Maylena.

Was nun? Jetzt hatte die erprobte Großmutter Margareta Hübner die rettende Idee. »Kennst du denn dieses Gebäude? Und seine Räume? Etwa die Kantine, die Toiletten, die Gymnastik-Räume, die Konferenzzimmer, den Hausmeisterkeller, die Portierslogen, die anderen Mitarbeiterzimmer entlang der großen Flure?«, fragte sie die Maylena.

»Nein! Ich bin ja zum ersten Mal da«, antwortete das Kind, schon neugierig geworden.

Das war der Einsatz für Oktus Murrmann: »Dann würde ich eine Fototour durch die Firma vorschlagen. Du fotografierst aber nur das, was dir gut gefällt. Dann hast du eine Erinnerung.«

Als erstes bildete Maylena nun den Herrn Murrmann und seine Frau Hübner ab. Denen wurde es fast zu viel, weil sie so unsinnig herumgeschoben wurden: Schließlich fand ein Bild Gnade, bei dem sie von einem aufgeschlagenen Aktendeckel recht freundlich und wie überrascht hoch sahen.

Dann begann der Rundgang durch die Firma: Doch zuerst stockte der schon in einem viertelstündigen Mit-dem-Aufzug-hinauf-und-hinunter-Fahren: Und so lernte Maylena auch gleich den Hausmeister kennen, den Guido Kahn. Der war wegen der Aufzugstörung alarmiert worden, und er fuhr – »zur Überprüfung der Funktion!« – gleich ein paar Mal mit auf und ab und lachte sich einen Ast.

Er trug einen Hammer und einen großen Schraubenzieher mit, was die Maylena zum Besuch der Werkstatt anregte. Und so erhielt die Tochter des Chefs eine ausführliche Darstellung der anderen Werkzeuge, die in dem riesigen Kellerraum wohlgeordnet an der Wand hingen. Als das auch dem Guido allmählich zu viel wurde, warf er – strategisch recht geschickt – hin, er habe gehört, heute würde es Currywurst und Pommes in der Kantine geben: Und die Wurstbraterei in der Küche wäre auch sehr besichtigenswert!

Während sie sich dorthin begaben, trafen sie allerdings den Vater Plicht im Foyer der Cafeteria. Der suchte seine Tochter. »Dachte ich es mir doch: Ich finde dich in der Kantine!«, nahm Maylena gleich auf den Arm. Als er von den Currywürsten hörte, sagte er: »Heute gibt es doch Quiche Lorraine! Mit Salat.« Und nun machte er alleine die Führung mit seiner Tochter weiter.

Das Kind blieb den ganzen Nachmittag im Haus, Oktus Murrmann traf sie mehrmals auf dem Gang und vor dem Arbeitszimmer seines Chefs, als er ihm einige Papiere hineinreichte. Sie waren nun schon gute Bekannte!

Und Oktus Murrmann überlegte, wie er sie mit Currywürsten zum Lachen bringen konnte: Es fiel ihm aber nichts Besonderes ein. Da ging er in die Kantine und ließ sich drei große Portionen anfertigen: »Sie sind für den Chef und seine Tochter!« Und mit drei großen Tellern mit Wurst, Pommes und roter Soße begab er sich zum Plicht-Büro, klopfte, dann teilten sie das begeistert aufgenommene Mahl.

Und was war in sie gefahren? Was stellten sie mit den Pommes an? Ständig machten sie sich lange Zähne, sie bratakten wie die Vampire über der roten Soße. Hubertus lachte so sehr, dass er seine weiße Bootshose mit dicker Currysauce bekleckerte. »Da ist ein dunkler Cord-Anzug schon praktischer!«, sagte Maylena. Sie vertilgte ihren riesigen Haufen Pommes restlos.

9. PACKUNG

Am nächsten Tag, zum Mittagessen, bat nun Hubertus Plicht den Oktus zum Speisen in die Kantine: Das war sozusagen die Fortsetzung ihrer Exkursion und der Currywurst-Eskapade. Sie holten sich Spaghetti Bolognese.

Der Chef begann: »Was Sie gestern angesprochen haben, diese eigenartige Betonung des werbenden Elementes, wenn der Begriff ›Künstliche Intelligenz‹ erscheint: Das ist genau der Kern meiner Reserve gegenüber diesem Forschungszweig. Kennen Sie denn einen anderen Bereich der Forschung, der in verwandter Weise auf solche persuasiven Momente setzt?«

»Eigentlich schon«, antwortete Oktus. »Demgegenüber führen andere Wissenschaften eher ein bescheidenes Waisendasein, es mangelt ihnen oft an der grundsätzlichen Anerkennung und Reputation! Und niemand spendet für sie. Geschweige denn sind sie in aller Munde. An KI und Biologie kann man zwei Praktiken, etwas durchzupowern, am eigenen Leibe spüren: Die erste greift zum unbeherrschten Optimismus, die zweite hat es geschafft, appellativ auftreten zu dürfen – jetzt macht sie allen ein schlechtes Gewissen, weil sie auf die Tränendrüsen drückt. Es ist ein übles Spiel: Ich erinnere mich, ich hörte mal bei den Biologen in eine Vorlesung rein, und kam mir vor wie instruiert in Darwin-Dogmatik! Der Professor sprach apodiktisch, und wehe dem Studenten, der ihm seine Binsenwahrheiten nicht exakt nachplapperte! Eigentlich müsste man alle Wissenschaften – etwa die redliche Orientalistik oder die allzu bescheiden gewordene Soziologie, die sich all dieser Attitüden enthalten – viel bereitwilliger unterstützen.«

Hubertus Plicht setzte den Gedanken fort. »Nicht nur das! Mir kommt das vor, als wäre in diesem ganzen werbenden Gehabe etwas eminent Politisches versteckt. So wirbt doch auch die Politik. Oder das simple Verkaufswesen. Oder etwas Geldgeiles. Oder alles, was irgendwelche ideologische Übermacht sucht. Ich kann mir nicht helfen: Das riecht nach Politik. Politik und KI: Das bedeutet doch, diese sollte wichtig für den Menschen sein? Und für die menschliche Gesellschaft? Ist da nicht ein misstrauisch machendes irrationales Moment betörender Umgarnung dabei? Und spielt mit Wünschen, Bedürfnissen, Versprechungen – ziemlich ungezügelt herum? Hat nicht zuletzt sogar ein amerikanisches Bundesgericht eingegriffen, um die unlautere Werbung bezüglich des sogenannten ›Autopilots‹ zu verbieten?« Er drehte seine Gabel sorgsam in die Spaghetti, rollte sie zu einer appetitlichen Spirale – dann kaute er genüsslich.

Murrmann sah ihm zu, wie er so gekonnt wickelte, er überlegte, ob er die langen Nudeln zerteilen sollte, um sie besser auf der Gabel platzieren zu können. Er unterließ es aber. »Man kann vielleicht zusammenfassen: Warum ist es hier schwer, zum Kern der Sache vorzudringen? Ich würde das gerne tun: Aber ich hänge wieder in der Gloriole fest. Vielleicht muss man den politischen Aspekt mit der merkantilen Perspektive ergänzen. Es geht um Märkte und Einnahmen: Denn Geld scheint in diesem neuen Zweig anscheinend ohne großen Aufwand generierbar. Man hat seine Garage und eröffnet darin sein Unternehmen. In kurzer Zeit hat man hundert Angestellte. Ich suche nach einem Vergleich, einem Vorgehen, das einmal ähnlich berückend allerhand Segnungen vor Augen stellte. Und wenn ich mich recht erinnere: Damals war plötzlich der Begriff der ›Globalisierung‹ mit ebenso immensem Wert, mit höchster Attraktivität besetzt. Ich fragte mich schon damals, woher solche begeisternde Mächte kamen, die diese Munkelei derart eindrücklich propagieren konnte. Und jetzt eben wieder.«

»Eine simple Erklärung reicht dafür wohl nicht. Murrmann, Sie betonen ja immer die mentalen Momente: Gibt es doch so etwas wie große Gravitationsmassen, die die Menschen in ihren strudelnden Bann ziehen? So etwas wie einen unabweisbaren Zeitgeist? Von riesiger Masse, aber fraglichem Gewicht?«

»Oft denke ich an die Raumfahrt: So groß, wie ihr Nutzen behauptet wird, ist der vielleicht nicht. Und doch schafft es die NASA, immer wieder eine Lust oder eine Neugierde zu befeuern, dass man – unter riesigen Kosten! – zum Mond fliegt oder zum Mars! Wenn die Sozialwissenschaften nicht so erledigt wären, wie sie heute sind, würde ich sagen: Das ist alles Massenpsychologie. Aber ich suche immer nach Bildern, die diesen Archetyp des Hingerissenseins, der heute z. B. KI so begünstigt, darstellen könnte.«

»Wir fanden das bei der Naturkunde und selbst in der Kunsthalle nicht. Wie müsste man diese immense Trieb- oder Zugkraft optisch zeigen? Wie ein Staudamm bricht? Wie wenn ein Zyklon durchzieht?«

Murrmann erschrak leicht, die Metapher vom Staudamm führte ihm Marilyn Monroe vor Augen, wie sie in reißenden Strömen ruderte. Und mit einem Mann zusammen war, der nicht zu ihr passte. Und mit dem Bild des Sturms: konnte er gar nichts anfangen.

»Es müsste doch auch einen politischen Zugang geben. Besser einen politologischen!«, grübelte er.

»Ob es nicht immer wieder ominöse Macht ist? Foucault?«, fragte Plicht. »Ein Sich-Behaupten im sozialen Raum? Ein Bestimmen? Und KI ist dann nur: das metaphorische Material, mit dem sich die wahren Machthaber verkleiden? Und sie wälzen hinter ihren verschleierten Fassaden das brechende Rad der Geschichte vorwärts …«

Oktus Murrmann wusste nach diesen Worten seines Chefs wieder, warum sie sich immer gut verstanden hatten. Er konnte diese Sätze mühelos aufgreifen. »Verhüllen? Ja! Vielleicht würde man sie enthüllen, wenn man ihnen konkrete Aufgaben überließe, etwa, wie sie unsere alten Bauteile perfektionieren wollen. Ich meine damit: sie runter vom hohen Ross holen.«

Hubertus Plicht entgegnete: »Ich weiß! Sie denken an das praktische Handeln. Aber auch wir haben damals nachgedacht, bevor wir was einführten. Wenn es um solche Macht wie die eben genannte geht, müssen wir uns fragen: Auch wir haben damals geforscht. Aber waren etwa unsere Motive anders? Wollten wir nur, dass unsere Teile funktionierten? Und handelten mehr aus Funktions-Lust? Wir dachten doch keine Sekunde an Macht, und erst später auch mal an Geld. Aber diese da: sind doch total gesättigt – aber von was? – vor aller Praxis.«

Oktus Murrmann steuerte bei: »Ich weiß es nicht anders: Wir wollten doch das, was vorhanden war, verbessern. Aber Werbung dafür: hatten wir nicht nötig. Es haben sich die Gewichte verschoben, zumindest in unserem Bereich: Und immer spricht Geld ganz stark mit. Sie wissen, was ich mit Geld meine: Financiers, Betriebswirte, Kämmerer!«

Plicht nickte: Dieses Lied kannte er.

Übergangslos kamen sie auf machthungrige Nachfolger zu sprechen: Murrmann brachte seine Warnung vor der Person des Dr. Doppelname-Wunderschön an. Prüfend musterte ihn daraufhin Herr Plicht: Er schien nicht recht zu verstehen, worum es dem Oktus ging. Und der Elektroingenieur konnte kaum direkt sagen: Chef, Ihr Posten ist gefährdet! – Oder wollte es Plicht einfach bloß ein wenig näher, aber doch durch die Blume, hören?

Oktus sprang in der Konkretion etwas. »Chef, Sie sollten immer Frauen nehmen. Frauen sind viel besser in der Führung!«

Der Plicht-Boss staunte. Da war sein Spitzenmann in Elektronik: zu einem solchen unerwarteten und unverhohlenen Rat bereit!? Er fragte unverhohlen nach: »Warum? Was ist an den Frauen besser?«

»Ich schicke eine Präambel voraus, das ist ja unter uns beiden möglich: Also, ad eins, Macht darf nie offen und direkt ausgeübt werden. Und: In Konferenzen, in denen Gedanken scheinbar offen ausgetauscht werden, ist die Macht am meisten verschleiert, darum am gegenwärtigsten, und darum am wirksamsten. Das war ad zwei.«

Hubertus Plicht staunte: Was waren das für Offenbarungen?

»Erstens«, hörte er, »Frauen sind nicht so begeisterungsfähig: Ihnen fehlt das emotionalisierende Adrenalin! Darum neigen sie nicht zu solchen Exzessen der Macht. Sie sind viel kontrollierter, das heißt natürlich sofort auch: raffinierter, vor allem in der Machtausübung. Weil sie mehr reden können, ohne etwas zu sagen. Beispiel: ihre endlosen Telefonate! Zugleich sind sie aber nach Macht ausgehungerter, das heißt: Sie gehen sorgfältiger damit um.«

Der Chef hatte einen solchen Ausrutscher von seinem leitenden Ingenieur nicht erwartet! Er zwirbelte eben wieder eine wunderschöne Spaghetti-Spirale, voller Saft und Soße, und aß sie mit einem ganz leisen Schmatzen. Dann wollte er dem, was sein Mitarbeiter sagte, auf den Grund gehen: »Wie kommen Sie denn auf so was?« Ihm erschienen solche Meinungen auf den ersten Blick wie vorurteilslastige Gemeinplätze.

Oktus Murrmann, der noch keinen Bissen gegessen hatte, fuhr völlig konzentriert fort. »Zweitens, schauen Sie sich um – in unserer virtuellen Welt heute ist jedermann ganz leicht beherrschbar. Mit ein bisschen Provokation, Design und Lüge hat man sofort die eine Hälfte der Menschheit ruhig gestellt und die andere Hälfte findet einen schon sympathisch. So hat man eigentlich alle in der Hand, bloß weil das Hin und Her zwischen Sender und Empfänger schrankenlos möglich ist: Abrakadabra!« Murrmann stolperte in seiner Art durch sein Pensum. »Ganz anders aber, wenn Sie die Wahrheit sagen: An der findet jeder was auszusetzen! Die ist ja per se überaus unbeliebt! Ich wage sogar zu sagen: Sie ist verhasst! Die Wahrheit ist eine intermittierende Variable, die die Menschen ausschalten wollen. Weil sie zum Überlegen zwingt. Zur Stille.«

Herr Plicht bemerkte nun: »Dazwischengeschoben, ja, da schiebe ich gleich ein: Was ist Wahrheit? Heute begegnet jeder in vielem:

immer nur sich selbst. Die Meinungswelt spielt in Zirkeln, die sich gegenseitig immerfort bestätigen.«

Oktus Murrmann war der gleichen Meinung: »Das sind doch Meinungshöhlen! Vergleichbar den Höhlen der Neandertaler. Für solche Kommunikatoren hat Plato vor tausenden von Jahren das Höhlengleichnis vergeblich erfunden. Die wissen nicht, dass man nur schattenhafte Abbilder an schrumpeligen Höhlenwänden verkrümmt und selbst halbblind sieht. Was unterscheidet uns denn von unseren Vorfahren, den Höhlenbewohnern?«

Hubertus Plicht ging etwas bedachter weiter. »Ich werde einfach den Verdacht nicht los, als kennten manche Leute keine differenten Standpunkte und keine verschiedenen wissenschaftlichen Ebenen und Abstraktionen mehr. Ist denn der Perspektivenwechsel unmöglich geworden? Damit die Empathie? Wenn das richtig intelligent wäre, würde es mehr über sich nachdenken, und sich selbst hinterfragen, und: viel mehr über sich selbst lachen.«

»Genau!«, antwortete Oktus Murrmann. Es tat ihm keineswegs leid, dass seine Nudeln auf dem Teller liegen blieben. »Das muss man auch auf die Macht im Unternehmen anwenden. Diese neue Generation, die über uns kommt – ich würde es mal so sagen: Die regiert durch! Die scheinen etwas zu kapieren, dann schlagen sie alle Welt über diesen Leisten. Die machen es sich zu einfach! Für die ist alles, was im Unternehmen geschieht, ein Machtmischmasch und Teig, der bloß geknetet werden muss. Aber vom Backen und vom Essen haben sie keine Ahnung!«

Herr Plicht zeigte sich immer noch befremdet. »Aber was hat das nun mit Frauen zu tun?«

»Herr Plicht, ich meine das viel konkreter, als Sie denken. Denn aus Ihrer Warte – ich meine: von Ihrem Standpunkt als Oberhaupt dieses Unternehmens aus – geht es ja gar nicht um die, ich sage mal, hohe Macht! Die behalten ja: nur Sie allein! Sie wären ja schön dumm, wenn Sie sich einen Ebenbürtigen und Rivalen ins Nest setzten: Sie brauchen vielmehr jemanden, der hinter Ihnen aufräumt, einen Grubenhund, der die Arbeit wegschafft, und der oder die dabei selbst die Illusion von Macht gewinnt, und dessen oder deren Arbeit, offen im Dienst von Machtgewinn, Ihre verborgene Allmacht steigert! Und Frauen, aufgrund des ersten Satzes, wahren bei solch offen demonstrierter Macht die Form! Das ist immer gut! Und das arbeitet Ihnen doch in die Hand, völlig stimmig, die sprechen in der Konferenz wie in ihren Telefonaten, Sie aber, Sie, Chef, Meister Hubertus Plicht, Sie schweigen, und Ihnen rieselt es zu, die Oberhand zu behalten! Und Sie leiten ihre Firma, wie früher, und immer!«

»Nun, so ganz kann ich ihnen da immer noch nicht folgen!« Herr Plicht schlürfte eine nächste Spirale. – Der tat nur so teilnahmslos.

Murrmann hatte immer noch keinen Bissen genommen, er sah die Nahrung vor sich als Eiweiße und Kohlehydrate, Fette und Salze: darum leer und sinnlos. Zudem hatte er genug damit zu kämpfen, etwas, das er noch nie formuliert hatte, zur Sprache zu bringen. Murrmann drehte den Kopf mehrmals und spähte herum, wie ein Verfolgter, und er fragte sehr leise: »Erlauben Sie mir, als altem Mitarbeiter, einmal eine offene aber doch diskrete Frage. Denn ich will nicht länger um den heißen Brei reden, und allgemeine frauenfreundliche Thesen drechseln: Ich will Ihnen damit ja etwas viel Naheliegenderes sagen!«

Herr Plicht sah ihn an. Sein Mund öffnete sich leicht. Er runzelte die Stirne, ein angedeutetes Kopfschütteln sprach von seiner Irritation.

Und Oktus machte weiter: »Also, ich denke so … Kann das denn nicht Ihre Tochter übernehmen?«

»Meinen Sie die Sybille? Die hat doch nur Kunst und New Age im Kopf!«

»Nein, nicht die, sondern die Maylena. Ich habe sie an dem Nachmittag gesehen, wie sie fotografierte! Und welches Bild machte sie am häufigsten und sorgfältigsten? Sie blieb vor Ihrer Tür stehen, sie schaute auf die Klinke! Und dann knipste sie, immer wieder! Ich habe ihr dann die Tür aufgemacht: Dann prüfte sie den Bildausschnitt aus allen möglichen Perspektiven in das Zimmer hinein: Und machte ein Bild mit dem Blick zum Schreibtisch! Ich sage Ihnen, in zehn Jahren ist sie soweit, dann kann sie hier anfangen – ich sehe das vor mir wie ein Orakel, das mir zum Mund herausstürzen muss: Maylena wird Ihre Nachfolgerin, aber zuerst Ihr Grubenhund.«

»Murrmann«, sagte der Boss, »Sie sind mir jetzt wirklich ein Rätsel: in zehn Jahren, da ist die Maylena ja erst: fünfzehn! Und ich bin ein Endsechziger!«

»Umso besser! Ja eben, genau das ist das richtige Alter!«

»Ich hatte aber eher an meinen Sohn gedacht!«

»Nie und nimmer! Der steckt doch schon jetzt mit dem Dr. Wunder-wide-wide-witt-bummbumm unter einer Decke! Und was führt der aus, wenn Sie ihm etwas auftragen: nichts! Der ist doch dauerskeptisch! Der glaubt Ihnen kein Wort! Mir übrigens auch nicht! An dem prallt alles ab, was von Ihnen kommt, was von uns kommt. Sie werden sich doch keinen Generationenkonflikt ins Haus holen: Und für Maylena sind Sie eher so etwas wie der Großvater, den sie lieb hat! Und sie gibt Ihnen einen Freizeit-Dress! Aber Ihr Sohn: Der hängt sein Herz an die Maschinen! Viel zu sehr. Maylena: Die ist die richtige! Die wird diesen Betrieb leiten und an die Spitze führen: Ihr Sohn, bei dem habe ich das Gefühl, er werde unsere Aktien an den Rand der Baisse treiben, mit seinen kühnen Spielen, die utopische Drahtseilakte sind, am Abgrund entlang. Und er weiß mit keinem Fünkchen, wie man mit Macht umgeht, weil er alles pauschalisiert. Und er setzt sich durch wie ein richtiggehender Dummkopf.«

Hubertus Plicht sah ihn bloß noch erstaunt an.

10. PACKUNG

Oktus fuhr fort. »Ich habe mit der Maylena Saurier- oder Drachen-Quartett gespielt. Und da war es mir bald überdeutlich! Warum? Innerhalb von wenigen Minuten hatte sie mir alle guten Karten abgenommen – und dann hat sie sie mir alle wieder zugespielt. Bevor ich das Vorgehen kapiert hatte, hatte das Spiel eine Wendung genommen, dass es nicht mehr aufhören konnte, sie gewann und ich gewann. Und sie regelte es so, dass das Spiel nicht enden konnte. Verstehen Sie? Diese Ihre Tochter setzt sich nicht durch wie diese Präfaschisten da, neben denen keine andere Meinung mehr gilt: Sie spielt mit, sie ist keine Autokratin, aber sie beherrscht das Spiel! Und zwischen dieser freundlichen Beherrschung und der Herrschaft Ihres Sohnes und seines gangsterischen Dr. Schöncapone-Halsabschneider: Da ist ein himmelweiter Unterschied, denn der eine mit seinen Kumpanen ist ein Tyrann, und die andere mit ihrer Mannschaft: ein Team!«

Hubertus Plicht sah nun den Herrn Murrmann lange an. War es wirklich so, dass seine Miene dabei traurig war? Traurig wurde? Und freundlich-skeptisch? Und wie mit einem schweren Entschluss geplagt, langte er in den Aktendeckel, den er bei sich trug und holte einen großen gelblichen Briefumschlag heraus. Er legte diesen auf den Tisch, breitete die Hand wie bewahrend drauf, und sah noch einmal seinen leitenden Elektroingenieur an, wie melancholisch sich vergewissernd.

Dann begann er: »Herr Murrmann, ich habe da etwas für Sie. Und das überkreuzt sich doch für mich sehr eigentümlich mit dem, was Sie mir heute bei diesem Mittagessen – bei dem Sie übrigens noch keinen Bissen genossen haben! – mitgeteilt haben. Es ist von meiner Tochter Maylena. Und es ist speziell für Sie gemalt. Es könnte in der Kunsthalle hängen. Hiermit übergebe ich es Ihnen!« Und er schob den Briefumschlag auf Oktus Murrmann zu.

Jetzt war es an diesem, sich zu wundern. Doch zugleich lächelte er auch erfreut und öffnete neugierig den Umschlag – er holte drei Blätter heraus.

Plicht erläuterte: »Das sind graphische Entwürfe für neue Saurier-Karten! Speziell für Sie! Und zur Erinnerung an die Firmenbesichtigung, besser, ich würde jetzt, nach Ihren Worten, sagen: zur Erinnerung an die Firmenfotografie.«

Das erste Bild sah – deutlich umrandet – so aus:

Darunter stand: *Das ist der Bratakzissor. Freundschaft: 10 Punkte. Kraft: 20 Punkte. Weisheit: 30 Punkte.*

Es war ein Hund mit sechs Beinen, aber wie mit Saugnäpfen, wie eine Krake! Und statt einer Schnauze hatte er einen Totenkopf, und in zweien seiner Tentakel hielt er den grellfarbigen überdimensionalen Laserblaster, wie Rambo das Riesen-Maschinengewehr.

Die zweite Karte sah so aus:

Sie hatte die Aufschrift: *Das ist der Guidoraptor Hammerus. Freundschaft: 60. Kraft: 50. Weisheit: 40.*

Das war eindeutig der vielbeinig gewordene Hausmeister Guido Kahn! Er hob in der einen Hand einen dicken Hammer hoch, in der anderen einen Riesen-Schraubenzieher!

Oktus lachte auf: »Und er hat eine Aureole um seine Glatze! Auch der Bart stimmt ganz genau! Und da, da hat er noch einen geschmiedeten Zimmermannsnagel an der Kette um den Hals!«

»Ja!«, sagte Herr Plicht. »Hier fehlt nur noch die Sichel!«

»Aber«, fiel nun Oktus ein, »Ihre Tochter kann doch noch gar nicht schreiben?«

»Genau! Das Schriftliche auf diesen Bildern hat sie mir wörtlich diktiert! Es stammt also von mir.«

»Aha!« Oktus Murrmann wusste wieder mal: Er und sein Chef, sie tickten im gleichen Rhythmus. Und für sich setzte er die Mitwirkung des Hubertus bei diesen Bilder ziemlich hoch an: So etwa, wie dieser sich von seiner Tochter einen spaßigen Boots-Dress aufschwatzen ließ.

Dann kam das dritte Bild.

Anthroposaurus Mannheimensis. Freundschaft: 90. Kraft: 70. Weisheit: 100.

Jetzt verriet sich der Chef endgültig: Er machte seine Mitwirkung offenbar. Hubertus Plicht, eifrig und schnell, als würde ihm das Ganze einen Riesenspaß bereiten, stieß hervor: »Ihnen, Oktus, ist also das Maximum an Weisheit zugestanden! Das scheint mir ziemlich im Gegensatz zu Ihren heutigen Empfehlungen. Sie sehen, Sie haben einen ringeligen Körper gekriegt, der besteht aus dem Wort: ›Cord‹. In der einen Hand angeln Sie ein kleines Herz, in der anderen einen übermannsgroßen alten Fernseher: Ich soll übermitteln, er hat oben die Braunsche Röhre mit Kathode und Anode und unten einen Lautsprecher. Die Italiener, denen sie zuletzt so zugeneigt wurden, nennen den *altoparlante*, sage ich jetzt mal.«

Oktus konnte es kaum fassen. Kopfschüttelnd betrachtete er das auf ihn gemünzte Portrait: So sah man also aus, wenn man in den Fokus kindlicher Aufmerksamkeit geriet. Und er kam kaum zu einem prüfenden Blick auf Plicht, um zu erkunden, ob dieser bei den Zeichnungen des Mädchens maßgeblich mitgewirkt habe.

Die Jorinde war am Abend mürrisch, besser: sie war gereizt. Sie hatte nachmittags in den Kammerlichtspielen den Film *E.T. – Der Außerirdische* angeschaut, und es hatte sie verdrossen, dass der hier auf die Erde gesperrt gewesen war, ohne Zärtlichkeit, ohne Partnerin, abgespeist mit Stoffpuppen und Plüschtieren, mit denen er anscheinend ohne Weiteres zu verwechseln war. Und nicht einmal ein vernünftiges »Funkgerät« hatten sie ihm zugestanden, stattdessen war das Militär aufgefahren! Sie schimpfte auf die Amerikaner und das Silicon Valley gleich mit!

Dann führte sie dem Oktus das wohlbekannte Schauspiel vom »Nach-Hause-Telefonieren« vor. Sie streckte ihren dürren Finger nach oben und krächzte immer wieder den gleichen Satz: »Nach-Hause-Telefonieren«!

Murrmann dachte: Soll ich etwa meine Mutter anrufen, wie damals? Die ist doch lange tot! Und außerdem habe ich die Telefonnummer von dem Viehhändler Stanglmeier – der ist ja auch schon lange tot! – gar nicht mehr. Oder soll ich meinen Vater anrufen? Auch wenn der ebenfalls schon tot ist: Sein brachiales Schweigen ins Telefon hinein, das kenne ich noch zu gut. Der kannte keine Scham vor irgendeiner Pause, da meinte man während eines Gesprächs ein dutzendmal, er habe aufgelegt!

Oktus Murrmann sagte zu Jorinde: »Ich bin nicht dein Joringel. Warum soll ich dir die Blume suchen, die Wunderblume, mit dem blitzenden Tautropfen im Kelch, deren Berührung dir deinen Käfig nimmt, dich und alle deine Nachtigallen heraushole aus allen ihren vergeblichen Telefonaten und hinein nimmt in eine Beziehung, die dir Liebe gibt statt Worte? Diese Hexe, sie hat Körbe und Käfige geflochten, und dazu alle ihre Weiden geköpft, sie hat unendlich große Lagerhallen, mit unendlich vielen Körben und Käfigen, mit so und so vielen unerlösten Nachtigallen darin: Und da telefonieren sie herum, und sie finden kein Zuhause, und ihr Heim, der enge Raum, ist ihnen vergällt. O Jorinde, du schönste aller Frauen, du keltische Göttin, mit deinen roten Haaren, mit deinen herrlichen Sommersprossen, mit der toll-attraktiven Weiße deiner Haut, die mich ganz aufgeregt macht: Ich kann dich nicht erlösen! Wie gerne würde ich das können, aber mein Wollen reicht nicht hin, der Bann ist zu groß!«

Jorinde aber verstand nicht. Wieder und wieder krächzte sie: »Nach-Hause-Telefonieren«, sie krümmte ihre Hand nach oben, der Zeigefinger wurde lang und länger. Sie fühlte sich anscheinend auf der Erde gestrandet. Wie sagte das der Existenzialismus: Ins Sein geworfen, voller Ekel? Meinte sie das?

Was war das für ein Tag gewesen! Wieso hatte er seinem Chef ständig von der Nachfolge auf dem Leitungsposten gesprochen? Wieso waren sie im Gespräch von KI zur Politik und dann zur Macht und in die Firma gerauscht?

Und warum sollte gerade Maylena diese Firma leiten können? Es war Oktus völlig klar, er hätte sagen müssen: »Chef, darüber sind wir uns doch einig: Ihr Sohn, der Roderik, der zielt viel zu direkt auf die Macht. Der will bestimmen. Das ist doch falsch in Ihrer Firma: Genauso falsch, wie dieses Motiv in jeder Kunst und Wissenschaft und Politik ist.« Und dann hätte Hubertus Plicht nicken müssen! Und er, Oktus Murrmann, hätte so fortfahren wollen: »Und sehen Sie nun, wer hat die bessere Motivation? Ihr Sohn, der Sie rausdrängen will, um selbst den Laden zu führen? Oder Ihre Tochter, die Ihren machtgeilen Sohn nicht leiden kann und die die Firma davor bewahren will? Das alles hat sie mir im Drachen-Quartett gestanden!« Und fotografiert hat sie und Saurierbilder entworfen.

»Chef«, hätte er sagen müssen, »Hände weg von allem, was irgendetwas zu direkt will! Vor allem: von Macht! Das gilt übrigens auch für Wahrheit! Wir umkreisen sie! Beide! Und haben: werden wir sie nie! Wir sprechen darüber von Fragilität zu Fragilität.«

11. PACKUNG

Der Tag vor der nachgeholten Konferenz war ein einziges Chaos.

Morgens war die Wohnung eiskalt. Die Heizung musste ausgefallen sein! Das kalte Blech der Heizkörper: ernüchterte fatal. – Mit der IT-Welt ist die Gelegenheit gegeben, dass sich jeder Unsinn schnell verbreitet; noch dazu, dass sich der größte Unsinn am weitesten verbreitet; noch dazu, dass das Wahnwitzigste den meisten Erfolg bringt.

So war auch kein warmes Wasser vorhanden. Oktus floh ins Geschäft: Auf der Fahrt dorthin entging ihm alles um sich. – Da erfindet einer die Findemaschine. Du schaltest sie an, und du hast es schon gefunden: Es leuchtet vor dir auf dem Bildschirm, verflixt noch mal, wo sind die Knöpfe oder die geheimen Parolen der Informatiker, diese Wundermaschine in Gang zu setzen?

Frau Hübner war nicht da, galt als krank. Und die Kaffeemaschine war auch kaputt! Oktus nahm den ersten Energy-Drink seines Lebens aus dem Kühlschrank: Ein Bündel Dosen war darin noch übrig geblieben.

Wir verheddern uns in Vorbereitungen, dachte er, wie die Kinder beim Spielen. Und sagte nicht Walter Kempowski: Man hat die Kinder erfolgreich zu Spiel-Beamten erzogen? Und jetzt fahren sie ab auf Spielgeräte, Plastikburgen und Game Boys? Das ist doch das Problem am Telefon: Man ist im Gespräch jenseits von angetroffener Wirklichkeit. Man bewegt sich in Vorstellungen. Aber wie kommt man aus ihrem Labyrinth wieder heraus? Niemand weiß das. – Und sitzt nicht mitten im Labyrinth, und nicht ohne Grund darin eingesperrt, der Minotaurus? Der fürchterliche Stier mit Menschenunterleib?

Sollte Oktus den Chef aufsuchen? Warum? Ihn anrufen? Zu welchem Zweck? Der Elektroingenieur nahm den zweiten Energy-Drink. Das Zeug schmeckte nicht schlecht! Hm!

Es durchfuhr ihn der Entschluss, in die Kantine zu gehen. – Und dann kommt einer, und sagt, er hat die Maschine gefunden, wissenschaftliche Wahrheit zu generieren: was soll man davon bloß halten? Eigentlich ist das eine Unverschämtheit. Ein intellektueller Fauxpas ohnegleichen, bar aller Selbstkritik. Ist das noch menschlich? Das ist mehr als der Supermann! Das ist der Super-Supermann, der den Supermann blöd redet.

Nun kam der Hausmeister Guido Kahn mit seinem Hammer in die Kantine, holte sich zwei Wecken mit Fleischkäse und einen Energy-Drink – er nahm auch einen für den Oktus Murrmann mit: Denn diesen Mann hatte er vorgestern zu schätzen gelernt!

Sie unterhielten sich prächtig. – Der Energy-Drink ist die Lösung! Der ist das Zentrum aller dieser modernen Zuspitzung: und das Geheimnis des Forschens, des Findens und des Auftretens! Er ist die eigentliche Triebfeder der Künstlichen Intelligenz: Die Öffnung des Mund-Hintern-Schlauchs ins Unendliche, sodass alles ungehindert hindurchtreten kann.

Sie amüsierten sich königlich! Und sie lachten, wie in dieser Kantine noch selten gelacht worden war, ungeniert und laut. Und Oktus führte das Gehabe des Dr. Schattencool-Schönbeknackt vor: Und der Guido fürchtete den Wegfall seines Arbeitsplatzes gar nicht. »Auf den Roboter bin ich heute schon gespannt, der die verstopften Klos durchspiralisiert!«

Und Oktus ergänzte: »Was glauben Sie, wer die Massen der kaputtgeschlagenen Pflegeroboter täglich reparieren wird? Ich bin dafür, jedem Patienten und Klienten gleich den nötigen Hammer dazu mitzuliefern!«

Jetzt fragte der Herr Kahn: »Zum Zuhauen oder zum Reparieren?« Sie lachten, sie verstanden sich einfach zu gut!

Frau Hübner stellte sich tatsächlich als erkrankt heraus: Sie hatte einen Bandscheibenvorfall. Und telefonierte: »Es ist der erste Hexenschuss meines Lebens!«

Oktus staunte, sie sprachen ein Weile, dann schloss er das Telefonat: »Meine liebe Frau Hübner! Ich danke Ihnen so sehr, dass Sie mich angerufen haben! Sonst ruft mich ja ohnehin niemand an, als Sie, Sie treue Seele!« Das so flüssige Telefonieren: Das kam doch von dem Energy-Drink?

Und er holte sich gleich den nächsten aus dem Kühlschrank. Sogleich telefonierte er völlig unbehindert mit seinem Hauswirt wegen der Heizung und des Wassers. Es war schon alles behoben! Es sei nur ein kurzer Aussetzer gewesen: »Ich musste nur den Thermostat an die Wand drücken, da lief alles wieder!«

Halt! Es gab doch noch einen zweiten so energy-gesteuerten Wissenschaftszweig: die Gentechnik! Auch in dieser konnte man nicht mehr unterscheiden, was Utopie war und was Wirklichkeit! Warum wohl? »Und ich sagte bereits!«, sprach Oktus Murrmann ganz und gar entschieden zu sich. »Das nächste ist die Meteorologie! Wenn erst die Wettermacher das Wetter vorhersagen werden: Dann ist es geschehen! Warum eigentlich lässt es niemand in der Sahel-Zone regnen?«

Jetzt nahm er die Beine zur Straßenbahn in die Hand.

Wieso zockelte die heute so langsam herbei? Am liebsten hätte er dem Kondukteur zugerufen: »Schnell! Fahren Sie schneller! Ich renne gleich hinterdrein!«

Quälend langsam schoben sich heute lauter fußlahme Leute aus der Tür. Er stürzte hindurch durch ihre nonchalante Behäbigkeit, zwängte sich hinein, wie die fiebrig-ungeduldigen Schulkinder, denen der Game Boy in der Tasche juckte – er drückte diese Schnecken und Schildkröten zur Seite. Auf seinem Sitzplatz, an dem er es nunmehr kaum aushielt, schaute er suchend hinaus, ob er nicht irgendein Auto anschieben konnte, das gerade liegen geblieben war. Oder war da vorne ein Hindernis von den Schienen zu heben? Dann preschte er schnell mal im Waggon von vorne nach hinten und von hinten nach vorne, um die Lage zu prüfen und sich für jeden Notfall bereit zu machen.

Ja ja! Morgen war die Sitzung! Denen würde er es zeigen! Er würde fordern, noch mehr intermittierende Variablen auszuschalten: und vor allem geistige! Radikal: alle! Alle mussten beseitigt werden! Jeder musste denken, was er denken konnte! Fühlen, was er fühlen wollte! Radikal: alles! Und tun, was er tun musste!

Er fühlte sich zum Politiker berufen! Man musste eine Partei gründen, die sich das auf die Fahnen schrieb! Absolute Mehrheiten winkten!

An der Haltestelle zu Hause hastete er aus der Straßenbahn und konnte kaum erwarten, am Kiosk seinen nächsten Energy-Drink: zu saufen! Ja: zu saufen! Er verstand jetzt das Saugen an eiskalten Dosen in der Morgenkühle! Er klammerte sich an seine Dose! Und schluckte gierig in sich hinein!

Sein Blick flog über den Grünstreifen, er trabte los, jagte ein paar Tauben hoch und lachte über die lahmen Hunde, an denen er mir nichts dir nichts vorbeisprintete. Dann machte er noch einen Dauerlauf: Er galoppierte wie entfesselt nach Hause.

Bereits im Treppenhaus wurde er begrüßt: »Ich bin die Trampolina. Murdochia hat mich doch angekündigt!«

Trampolina? Linolea? Murdochia? Ihm war alles gleich. Er schloss auf und ließ sie ein.

Doch diese Krinolina war der pure weibliche Unhold: durch und durch »unzart«. Sie zankte den Murrmann dermaßen aus, dass er nirgends mehr einen Ruhepunkt fand und rastlos von Zimmer zu Zimmer, von Stuhl zu Stuhl, vom Sofa zum Bett und zurück hetzte.

Sie raste wie eine Furie hinterher, ließ ihn keine Minute allein: und sprach von subjektivistischem Zeug! Sie verurteilte den Unsinn mehrerer Wirklichkeitsebenen mit differentem Wahrheitsgehalt aufs Höchste! Dann sprang sie hinüber auf die Hybris der Erleuchtung, »einem völlig unnötigen Hirngespinst, das der Menschheit die Möglichkeit des Aufstiegs vorgaukelt, und die verquere Idee eines Dings an sich postuliert! Das ist doch heute überhaupt nicht mehr in, das ist doch uralt, vergessen und überholt, das ist doch bloß ein Strohhalm der Ahnungslosen – wir sind mittlerweile viel weiter!«

Oktus stotterte dagegen: »Wer spricht denn von Aufstieg? Das ist doch auch schon wieder eine dieser materialistischen Übersetzungen des Metaphysischen! Ein Humbug und Mumpitz ist das, dieses Aufstiegsgerede, passend für die Utopisten des Positivistischen! Die nicht einmal begreifen, dass sie selbst reine Paradoxie sind! Ich verwahre mich entschieden dagegen, dass solcher alles missverstehende Heckmeck in meinem Haus erfolgt!«

Da schrie die Spirulina, mit ungeheuer laut dröhnender und durchdringender Stimme, an den Staubsauger von Luluganda erinnernd, doch diesen weit übertreffend, in der Art eines wahnwitzig gewordenen Anti-Tarzan: »Und wer soll denn den Menschen erheben ins Licht? Es gibt kein: Licht! Das ist die Erleuchtung: eine Illusion, eine Wunscherfüllung der Frustrierten, und dann auch noch ein sogenanntes Menschsein? Gibt es das überhaupt? Stammst du nicht vom Affen ab? Bei dir könnte die Behauptung, du stammst vom Affen ab, auf eine Diskriminierung der Affen hinauslaufen!« War es ihr jetzt genug? Nein, sie schöpfte bloß Atem.

Oktus, energy-gesättigt, trabte zuerst einmal den Gang auf und ab und hieb an alle Türen, schlug sie zu. Dann sprudelte er hervor: »Was? Du willst uns auch das Licht bestreiten? Ja, siehst du denn nichts? Du Nachtmahr des Absurden, du Kleinkrämerin des Physischen! Du weißt ja nicht einmal, was eine Batterie ist, und was ein Strom, und was ein Sprung!«

Doch diese Formalina – gab es diesen Vornamen überhaupt? – nahm das keineswegs wohlgefällig auf. »Heute hast du dein Mütchen nicht kühlen wollen! Wo war denn dein sogenanntes Diktiergerät? Warum stiegst du denn überhaupt in die Straßenbahn ein? Du hättest einen Schritt hinein getan, hättest schnell herumgeschaut, wo die Telefoniererinnen und Telefonierer herum sitzen, die Musikhörerinnen und Musikhörer!«

»Ach was!« Murrmann wahrte selbst vollkommen erhitzt noch einmal die Fassung. »Frauen hören ja gar keine Musik! Ich habe noch nie eine Frau wahrgenommen, die so laut Musik hört, dass die Nachbarn gestört wurden. Ich meine natürlich: im Bus! Oder in der Straßenbahn! Das machen nur Männer! Und wenn ich eine Kracholine so etwas tun hörte, niemals würde ich mich ihr nähern! Die würde mich bloß überstimmen! Überschreien! Wie du!«

»So so!«, gab diese heraus. »Nur Männer hören laut Musik! Du gehörst selbst zu der Sorte: Du müsstest dem doch ein gewisses Verständnis entgegenbringen. Schreist hier rum, wie entfesselt!«

»Ich? Niemals! Ich weiß doch gar nicht, wo es diesen Standard-Lärm gibt, der da aus jedem Kopfhörer dieser maskulinen Schwerhörigen dringt! Das ist ja gar keine Musik: Das ist nur ein speziell hergestelltes Klopf- und Hämmergeräusch, das vermutlich in verruchten Spelunken unter der Hand angeboten wird! Und das wiederum in seiner Provenienz jene Qualität zeigt, die diese Herren suchen: verrucht, versoffen, verdreckt, verdorben!« Wie waren sie bloß in die Abstellkammer für die Putzutensilien gekommen? Oktus tastete an der stark geschnürten Miesepeterin – hatte die eine Rüstung an? – vorbei nach der rettenden Türklinke.

»Glaubst du? Was du nicht sagst! Du bist ja bloß neidisch. Weil du dafür: viel zu brav bist! Du traust dich eben nicht, dich breitbeinig hinzustellen und den Schwachsinn aus deinen Ohren heraustäufeln zu lassen und frohgemut – Kinder zu zeugen! Kinder, die dich verehren, weil du ein so starker, glatzköpfiger, potenter und alles wegräumender Vater bist! Nie kannst du zu jemand sagen: Ich hau dir in die Fresse! Warum? Weil du keine Musik laut hören kannst: Du denkst ja gleich an die Nachbarn! Weil du Schiss hast!«

Oktus Murrmann seufzte laut. Oh, wie konnte diese Impertina gemein sein! Und sie schien bestens informiert. Sie war in allem der Amöbia Morawecz ähnlich, fast zu ähnlich, sie war mit ihr in zudringlicher Übergriffigkeit geradezu mehr als verwandt, nämlich eins. Vielleicht kam sie ebenfalls gleich auf das Telefonieren, und dass er ihr noch Geld schuldete: Das könnte ihn in die tiefste Scham stürzen, denn sie würde diese seine Schwachstelle unfehlbar finden, tonnenweise Salz in seine Wunden streuen.

Oktus hatte sich auf die lichtere Diele hinaus gezwängt, doch er konnte nicht Atem holen. Die Polypina setzte ihm nach. »Ja, du hockst lieber zu Hause, statt wie der ehrliche Mann bis zum Abend und zur Erschöpfung zu arbeiten. Du ziehst dich ins Fernsehschauen zurück, in deine infantilen Superhelden- und Laserschwert-Programme, du Fachmann fürs Kinderfernsehen! Ich mache die Drecksarbeit, und der Herr Murrmann schlampampt im Elfenbeinturm herum!«

Oktus Murrmanns Widerstand erlahmte schnell, das kam von dem Energy-Drink! Der beschleunigte – alles! »Multiplefaktorina, oder wie auch immer«, sagte er, »bitte, ich gebe mich geschlagen. Lasse mich doch jetzt bitte in Ruhe! Lass mich doch ein bisschen ruhig im Bastelzimmer sitzen: Ich muss was überlegen!«

Er begann die Stille in seinem Bastelzimmer schon zu genießen, da – tatütata! – das Telefon schlug herein wie rumpelnder Polizei-Mannschaftstransporter und gleichzeitig noch ein Rettungswagen. Er nahm ab. Es war: niemand anderes als der heutige Quälgeist! Freiweg sagte sie: »Ich vermiese dir deine Freizeit!«

Er aber hielt doch über Erwarten gut stand. »Du setzt mir keine Prioritäten! Du glaubst, du kannst überall hineingrätschen, wo es dir beliebt, ständig dich einmischen, du glaubst, du kannst alle jederzeit herausreißen aus dem Ablauf des Sinnvollen, so trivial er auch sein mag! Du Werbung, du dumme! Selbst die Tüten, die man dir abkaufen muss, damit man dein Zeug heimtragen kann, hast du mit deinem Namen vollgeschmiert! Ebenso alle Kappen, Socken, Pullover und Hosen! Du Sudlerin und verächtliche Propaganda-Reklame! Deine Public Relations sind nichts als Schwachsinn! Ich kenne dich zu gut! Vor der Werbung bringst du Werbung, dann glaubt der Zuschauer, jetzt ist die Werbung vorbei, aber sie geht erst los, recht doppelsinnig blendest du ein: Es folgt jetzt Werbung. Dann hört dieser Scheiß gar nicht mehr auf! Dann, wenn der Zuschauer schon wieder zurückzappt, in der Hoffnung, dass es weitergeht, blendest du ein: Die Werbung ist aus, und es laufen endlose Sekunden herunter. Aber! Aber! Dann kommt noch die Eigenwerbung: Das sind noch einmal drei, vier Blöcke, wo du selbstgemachten Schwachsinn verkaufen willst. Du twitterst mir zu gerne! Und, im schönsten Moment des Films, gerade hat sich der Zuschauer wieder hineingefunden: husch! Hasch! Zick-Zack: Bratak! Man erschrickt: blendest du wieder Werbung ein! In irgendeiner Ecke zerreißt irgendeine völlig unbrauchbare Information den geistigen Akt! Du Blenderin! Und da soll man nicht verrückt werden? Oder konzentrationsgestört? Der IQ in den USA sinkt schon bedenklich!«

Jetzt rumpelte die Schwadrolina plötzlich flurauf, flurab! Wollte sie ihn am Kragen packen? Sie schrie aus der hintersten Ecke, beim Schlafzimmer: »Wer weiß das überhaupt, wie ein Mensch sein soll? Du etwa? Willst ein Exempel sein? Fühlst dich berufen, Leitungen unbrauchbar zu machen? Genau das Gegenteil von dem tun, was dein Beruf dir nahelegt? Ein Nichts bist du, ein Elektroingenieur mit Knopf und Diktiergerät, du hohle Nuss! Du bist ein Ruderer auf dem Fluss ohne Wiederkehr, aber ohne Marilyn Monroe! Damit dem Irrsinn überantwortet!«

Murrmann erschrak jetzt tatsächlich: Das war doch kurz vor der Schlägerei! Er dachte: Mit dieser Brachiolina kommt niemand auf die Idee zu dichten: »Das Ewig-Weibliche zieht uns hinan.« Er schloss die Augen und sah wieder die Lösung, die er schon seit seiner Jugend ahnte: Es war die Nullschaltung. Alle mobilen Telefongeräte auf der Welt mussten mit einem einzigen Hieb in die Unbrauchbarkeit überführt werden: Dann wäre die größte Fehlerquelle – das falsche Gelaber, die Lüge, die nichtige Verdrehung der Wahrheit, die Suggestion und die Propaganda – vorbei! Aus! Die labernde Ablenkung, das hypnotisierende Gemurmel: Es musste weg, endgültig! Und für alle Zeit! Energy: abdrehen!

Sein Besuch machte nun noch mehr Rabatz. Die Randalina fegte durch die Wohnung, was tat die da eigentlich? Es schlugen die Türen, es krachten die Schränke, backte sie etwas in der Küche? Denn sie schien zähe Sauerteig-Klumpen aus zwei Metern Höhe auf den Boden zu werfen, immer wieder! Dann hörte er hastig pumpernde Schritte ins Bad hinüber. Schlug sie dort Kasserollen ans Porzellanbecken, dass es schepperte? Murrmann nutzte das aus, um ins Schlafzimmer zu huschen: Leise kleidete er sich aus und zog den Schlafanzug an. Wie die jetzt da draußen tobte! Wie die jetzt da draußen herumschrie!

Was ließ sie jetzt umfallen? Große Staffeleien? Klopfte sie Nägel in die Wand? Und mit welchen Hämmern? Kratzte sie nun Dreck aus den Fugen der Bodenleisten? Kehrte sie mit Eisenbesen das Parkett?

Und wozu das dauernde Gekeife? »Sind wir etwa verheiratet? Nicht dass ich wüsste!«, sagte Oktus halblaut vor sich hin. Er putzte im Bad die Zähne, er spülte sie heute ganz besonders rein: Zum ersten Mal in seinem Leben hatte er das Verlangen, ein Wannenbad einzulassen. Probeweise drehte er den Wasserhahn auf. Und dann gestattete er der Leitung ein großartiges und langatmiges Rauschen. Tatsächlich, die Lärmoline – verstummte! Totenstille! Horchte sie etwa atemlos an der Türe?

Oktus war nun auf den Geschmack gekommen: Wie hießen doch diese kleinen Racker, die man nicht mit Wasser in Berührung bringen durfte, sonst wurden sie zu bösartigen Monstern? Genau: die Gremlins! Vielleicht war es bei seinem Besuch gerade umgekehrt? Er drehte den Wasserhahn am Waschbecken im Bad auf, dann den in der Küche am Spülbecken. Zuletzt schaltete er die Waschmaschine auf *Intensiv mit Vorwäsche*, für drei Stunden, und die Spülmaschine auf *Hygiene*, fast ebenso lang: tatsächlich, Ruhe trat ein!

Als er im Bett lag, und Kubikmeter um Kubikmeter Wasser seine Rohre frei spülten, schüttelte er, schon im energy-bestürzten Halbschlaf, noch einmal den Kopf. War das ein Sturm gewesen?! Kam jetzt das Auge des Sturms? Oder war der ganze Sturm noch gar nicht vorbei? Und was sprach jetzt der Hubertus Plicht herein? »Leviathan, überall! Den halten auch wir nicht mehr auf. Das wird nur noch ausgeprägter und schlimmer.«

12. PACKUNG

So überraschend wie die Erkenntnis, dass zwischen 12 und 22 neun Zahlen liegen, der Abstand aber elf ist, auftauchend aus rastlosem Schlaf, trat ein neuer Tag in Oktus Murrmanns Bewusstsein. Er öffnete die Augen: Der große Tag des Dr. Wunderschön, der strahlende Tag des erleuchteten Dr. Mister-Utopia-Universum: war da! Oder war es vielleicht die Apokalypse des Oktus Murrmann, des Avengers der Gedankenlosigkeit, des Ritters der Stille?

Heute darbten alle Schatten bloß noch: sie konnten sich vor Lichtdurchflutung nicht retten. Die Wohnung lag in der Morgensonne! Nachts hatte es geschneit, blendend weiß strahlten draußen die Straßen. Alle Leitungen waren rein! Oktus drehte die Wasserhähne ab.

Schon scharrten die ersten Nachbarn mit den Schneeschaufeln auf den Bürgersteigen: Das Kratzen hallte durch die Straße. Oktus Murrmann hatte sich in die Küche begeben und fragte, was als Nächstes zu tun wäre, der Ofen an, nein, zuerst das Gas auf, dann anzünden, halt, noch Wasser einfüllen, und jetzt – ach ja, der Tee! Wo war bloß die Dose, wo waren die Papierbeutel, hatte er die Teekanne schon gespült, auch warmes Wasser in ihr ruhen lassen? Seine entrückte Regellosigkeit gipfelte in der unbeantworteten Frage: Was würde der heutige Tag bringen? Wie würde es laufen? In der Konferenz?

Er sagte sich: O Murrmann, heute ist dein Tag, denn es ist der giudizio finale des Oktus angebrochen! Heute fallen die Würfel. Er schritt durch den Schnee zur Straßenbahn: Doch ein Zittern befiel ihn, er fror. Wo waren auf der Stelle Handschuhe zu erwerben? Die Kälte nahm ihn an den Ohren, sie führte ihn schauernd den viel zu langen Weg zur Haltestelle, dort liefen die Leute von vorn nach hinten und zurück, sie stampften zwischendurch und schlugen die Arme überkreuz auf die Brust; riesige Atemwolken stiegen von der Menschengruppe in die Höhe. Oktus konnte die bleiche, weit gebreitete Stille, die der Schnee gebracht hatte, gar nicht genießen wie sonst. Es war einfach zu brechend kalt. Und klar. – Brauchte er zu Ohrenschützern auch noch eine Mütze? Wenn es nur weiter geschneit hätte, geschneit und geschneit, warm alles verhüllend, warm alles bedeckend, warm alles einmummend! Aber der eiskalte Wintermorgen, die blanke Sonne im arktischen Blau brachte klappernde Zähne, sich sträubende Gänsehaut.

Die Straßenbahn ächzte auf ihrer geweißten Bahn eigentümlich schleifend und wie verlangsamt herbei, er stieg ein – und er versank in ein themenloses Grübeln. Schlief er etwa gar? Immerhin: Hier herinnen war es schon wieder überheizt, trotzdem bargen sich die Menschen schweigend in ihre Überwürfe. Fast hätte Oktus das Aussteigen verpasst. Er trottete vielen Spuren folgend zur Firma, gedankenverloren ging er in das Hochhaus hinein, er fuhr im Aufzug hoch, als wäre er gar nicht da. Funktionierte etwa hier die Heizung erst stotternd? Denn im Büro war es kalt, und Frau Hübner fehlte auch. So stakste er gleich hinüber in den Konferenzraum, bei den verwaisten – so stillen? – Büros der Geschäftsführung.

Eine eigentümliche Ruhe senkte sich über die Angestellten, als sie ihre Plätze suchten. Sie saßen da, wie nicht präpariert, vor sich keine Mappen, keine Akten, alle vermummter als sonst, mit dicken Pullovern, auch mit wolligen Parkas – selbst die wurden nur zögernd abgelegt. Roderik Plicht, der Sohn, nach einem hastig-abgehackten Hereinkommen, eröffnete die Sitzung. »Guten Tag! Mein Vater ist heute unpässlich.« Während er noch im Stehen Papiere – am Kopfende des Tisches – sortierte, machte er eine lange Pause. Sie genügte, um Oktus Murrmann die emotionale Bedeutung des Kommenden sofort knallhart vor Augen zu führen: Er war nicht einmal entsetzt. Er blieb wie erfroren liegen und Schnee deckte ihn zu. Apathie überzog ihn, eine riesige Gleichgültigkeit. In dieser endlosen Indifferenz ruhte er tief innen – um und um versteckt. – Er gründelte wie eine Ente ganz tief unten: Da war kein Wurm. Das war es gewesen.

»Nun, da mein Vater heute unpässlich ist, werde ich die heutige Sitzung leiten. Wir werden uns noch einmal den vielversprechenden Programmen des Dr. Julius Schönmajor widmen. Mit ihm stehen wir vor der weittragenden Entscheidung, unserer Firma eine neue Produktpalette zu eröffnen. Wir werden damit in einen immensen zukünftigen Markt einsteigen. Denn wir wollen: Sieger sein.«

Welcher nivellierende Coach hatte ihm diesen blödsinnigen letzten Satz und die dümmliche Miene dazu beigebracht? Er lächelte nämlich wie selig verträumt in eine ihm selbst anscheinend glückliche Perspektive hinein: die Schmierenkomödie eines Mannes, der keinerlei Schauspieltalent hatte und noch weniger wusste, wie man Belegschaften motiviert. Welche Vorstellung hatte der von Zielen, und was Leben bedeutete, und was Wirtschaft, und was Handel? Er würde bloß sauber auf seinen Mist düngen, in seiner Gemischtwarenhandlung des Unzulänglichen. Begnügte sich schon im ersten Ansatz mit einer blutleeren Formel, ohne Saft und Kraft. Kaum war sie ausgesprochen, enthüllte sie sich als brüchig und verbraucht!

Oktus Murrmann wusste es in seiner tiefen Umhüllung sternenklar: Hinter den Kulissen war die Entscheidung gefallen. Wie immer: hinter den Kulissen! Sie rieselte in die Ergebenheit und Hinnahme der Zuhörer, die man heute – er seufzte – so gerne »Demut« nennt. Wovor war denn Demut nötig? Und angebracht? – Was nützte jetzt all der Rat, dem er dem Hubertus Plicht gegeben hatte: Der hatte den wohl gar nicht ernst genommen, er war ahnungslos ins Unglück gelaufen! Sein Sohn hatte ihn: gebrochen. Und er, Oktus, abgelenkt in tausend inneren Gefechten, hatte die Tragweite der Situation unterschätzt. So hatte er seinem Chef gar nichts genutzt, sie hatten aneinander vorbeigeredet, obwohl sich so viele gute Gelegenheiten dargeboten hatten. Murrmann war mit seinen Warnungen zu spät gekommen – warum? Statt klar und nüchtern nachzudenken, hatte er nicht nachgefragt, nicht nachgehakt – warum? Weil er schon weit außerhalb dieses Prozesses stand, in den seine Reichweite nicht mehr hineinlangte.

Die Übergabe der Firma war wohl schon länger geplant, sie war jedoch in ihren Vorbereitungen an ihm vorbeigelaufen: Das offene ehrliche Gespräch mit dem Hubertus Plicht war bei bester Gelegenheit im »Bratak!« der Marsianer versackt. Er, viel zu sehr verleitet und verstört im vergeblichen Kampf gegen die Luftnummern der business machines: Er hatte den aktuellen Schritt verpasst, die Vorbereitungen toleriert, er war nicht genügend gewappnet gewesen, hatte den Sohn nicht in die Grenzen gewiesen. In den Gesprächen mit dem Chef hatte er bloß improvisiert – und das hatte nicht genügt.

Voller tiefer Scham dachte er auch an das völlig unvorbereitete Anbringen der Favorisierung der Maylena. Statt von der Götterdämmerung zu reden, die über Hubertus Plicht hing, hatten sie kindische Saurier- oder Drachenkarten entworfen. Und nun war die Bescherung da: Der Sturm war unvermutet hereingebrochen, hatte alles durcheinandergeworfen, umgepflügt – überall lagen nur Trümmer, von denen es sich nicht lohnte, viel Aufhebens zu machen. Und zu denen gehörte: auch: er. – Unten in der Tiefe seines Tümpels dachte er: Da ist kein Wurm mehr. Alle Algen, aller Morast, alle Trübung: sind weggespült.

»Wir wollen also die Produktpalette unserer Firma erweitern«, salbaderte Roderik Plicht. »Wir vollziehen heute den Schritt von der Materie zum Geist, von der Hardware zur Software, vom Familienunternehmen zum Großkonzern: Wir wollen auf den großen Markt der Informatik drängen, aber eben nicht mehr nur, indem wir die elektronischen Grundlagen liefern. Wir haben nämlich noch viel mehr zu bieten.« Dabei schaute er, wie absichtslos, und doch für jedermann freudlos klar, in Murrmanns Richtung: Und in dem desolaten Mann, im braunen Cord, obwohl er nach außen völlig unbewegt und abwesend blieb, rumpelte der Große Altai zusammen mit der Hohen Tatra in die Tiefe – das war sein Abgesang! Dieses unendlich lang grollende, stoßende Stürzen, bis er kopfüber in der Schlucht aufschlug! – Fand die Ente noch einen Wurm in dieser Lawine? Ihm fiel nur eines ein: »Großkonzern« erinnerte ihn an »Großkotze«.

Und seine Prellung vereinte sich mit seiner wortlosen Teilnahmslosigkeit: Er registrierte es noch indifferenter – diese Würfel waren gefallen: Heute verschoben sich die Kontinentalplatten, in eben diesem Moment hatte sich die Firma von Grund auf geändert. Und sie hob sich neu und krachend aus dem Meer, entfaltete sich unter schreienden Fanfaren wie die Stadt Atlantis in der Pegasus-Galaxie und wuchs in riesigen steinernen Säulen wie eine metallene Blume des Irrsinns in den Himmel, umtobt von einem planetenweiten Ozean! Oktus Murrmann dachte: Ade, Hubertus! Ade, Wissenschaftstheorie, ade, ihr lieb gewordenen Diskussionen! Jetzt sitzt der digitale Schwachsinn an den Hebeln, 1 und 0, das simple An oder Aus triumphiert, das Komplizierteste ist auf zwei Zustände zurückgeführt – die verwünschte Lichtgeschwindigkeit des Stroms macht es möglich, dass Milliarden Entscheidungen geradezu gleichzeitig fallen! Und die Dummköpfe glauben, dann wüssten sie etwas: Doch was kommt jenseits der Technik, was kommt jenseits des handfesten Uhrwerks? Eben das, was mich an den Handys so störte, das Wispern in den Drähten, die Dauernutzung von Leitungen, damit der brache Unsinn, der dauernd und überall hervorbrechen kann, und in einer ungeheuerlichen Schlammflut die Überschwemmungen des Nils ins unfruchtbare Absurdum führt! Jeder, selbst die Dümmsten, multiplizieren sich, wohin wird das führen? Wasser ist doch gut! Es spült die Ställe des Augias frei!

Diesen Gedanken schien Roderik Plicht ganz nüchtern und kalt zu antworten, er untergrub die Herakles-Attitüde systematisch.

»Wir stehen an einem Markstein. Wie lange schon waren mein Vater und ich auf der Suche nach jener Idee, die uns vorwärtsbringen sollte, und endlich, schließlich, haben wir sie gefunden: Es ist die Finde-Maschine, die das Finden findet, die Erfinde-Maschine, die das Erfinden erfindet, das geistige Konstrukt, das Geist herstellt und Geist gibt!«

Eine Gotteslästerung! Hier in diesem Raum! Der so lange beherrscht war im Schutz und Schirm durch Hubertus Plicht – nun war der Damm gebrochen! Und Oktus begann zu grübeln: Woher kamen seine geradezu theologischen Gedanken? Wieso graute ihm so? Wieso fielen ihm Plastinationen ein, Entblößungen des Körperinneren? Weil die Köpfe aussahen wie die Marsmenschen bei Tim Burton? Das waren also Marsianer, keine Menschen!

Er öffnete den Mund, ganz weit. Alle Anwesenden im Raum nahmen das als ein Zeichen, er wolle reden, schauten auf ihn, er aber wollte gar nicht reden. War es Verblüffung, war es zahnlose Hilflosigkeit, war es Gähnen, war es der erstickte Schrei? Edvard Munch? Das fragte Murrmann sich selbst. Nein, das war es nicht. Es war ein Protest. Es war ein ganz gewaltiger Protest! Er ertappte sich dabei, dem erstgeborenen Sohn, dem Roderik, jetzt, und ebenso groß wie seinen weit geöffneten Mund, eine ebenso weit sich herausschlängelnde Zunge hinstrecken zu wollen! Doch stattdessen fühlte er nach seinem Diktiergerät: Da schloss er den Mund wieder. – Aber den Knopf rührte er nicht an.

»Wir haben uns entschieden: Wir steigen in den großen Markt der Ei-Ti-Produzenten ein. Nirgends sonst gibt es solche Gewinnmargen, nirgends sonst sind wir der Zukunft näher. Fast hätten wir den Absprung verpasst. Aber noch immer haben wir unsere Chance gewahrt, immer wusste mein Vater, was zu tun war, und jetzt haben wir uns entschlossen: Wir werden zum Weltunternehmen. An der Börse sind wir ja schon:

Und, wie Sie sicher gemerkt haben, heute hat sich unser Wert schon gesteigert, ich rechne bis zum Abend mit einer Verdoppelung!«

Murrmann dachte: Kennt er denn den Film Terminator nicht? Da wird eine Maschine aus der Zukunft zurückgeschickt, um die Herrschaft der Maschinen an ihrem Anfang zu sabotieren: Habt ihr daraus keine Lehren gezogen? Soll ich jetzt den Terminator herbeirufen? Nein! Ich gewiss nicht. Die lächelnde Ruhe, die ihn selbst erstaunte, zog immer breitere Kreise: Und er lachte innerlich auf, denn »Ei-Ti« war doch nichts anderes als der »Ye-Ti«! Ein haariges Wesen, nur in absoluten Gletscherzonen überlebensfähig, weil ihn dort niemand aufspüren konnte, geschweige denn wollte! Ein Bigfoot der Scharade, wie das Ungeheuer von Loch Ness, keineswegs ein Überlebender der Eiszeit, sondern nichts als Lug und Trug.

Oktus' Kampf war zu Ende, träge dachte er das, irgendwo ungerührt. Sein Inneres: Wenn man sagen würde, es sei ertaubt, läge man völlig falsch. Es hatten sich alle Valenzen befriedet: Der Kampf ums Dasein, dieses biologische Unding, war hier am humanen Ende angekommen, nämlich in der Ruhe des Herzens im Kosmos der Lösung der Widersprüche. Er wurde zum Eremiten: Er war kein Elektroingenieur mehr. Er war der Mönch, der die Verzweiflung kennt, der die Neige schmeckt und nicht resigniert: weil nach ihr die Stille kommt, die Befreiung. Er war sie losgeworden, die ganze Mühe. Den ganzen Müll.

Gott sei Dank! Sein Posten, seine Reputation, seine Arbeit: waren verloren. Wen kümmerte es? Etwa einen Oktus? Nicht im Geringsten. Man muss dem Widersinn Tür und Tor öffnen. Und wie zur Bestätigung hörte er weiter zu, wie nüchtern und kalt die arktische Eishaube ihre Eisberge vorschob. Der gefrorene Gletscher des Digitalen! Auf dem lag er, der Findling, den überhaupt nichts mehr juckte. Und der völlig im stillen Glück staunte.

»Um es vorweg zu nehmen«, wand sich Roderik Plicht, der Usurpator, »und um zugleich dem allzu Populären im Widerstand gegen das

Kommende vorzubauen, muss ich noch ein paar Sätze vorausschicken. Bitte, merken Sie jetzt gut auf, das ist äußerst wichtig: Was wir erforschen werden, geht über das Vermögen des menschlichen Verstandes hinaus. Die Maschinen denken viel komplexer als wir: Wir programmieren sie, ja, aber die Gleichungen, mit denen sie operieren, sind mit humanem Verstand gar nicht mehr nachzuvollziehen. Es wird eine Wissenschaft entstehen, die dem Menschen mit seinen Mitteln nicht mehr einsichtig ist. Bitte, und das richte ich an alle unsere Mitarbeitenden: Kleben Sie nicht am Anschaulichen, klammern sie sich nicht ans Begreifbare! Lassen Sie diese Schein-Sicherheiten hinter sich: Die Natur geht weit über das hinaus, was der Mensch fassen kann, und wir schreiten frohgemut auf unserem Weg fort, dem Unfassbaren zu begegnen. Denken Sie an Albert Einstein. Niemand versteht die Relativitätstheorie außer ein paar, alle anderen … müssen das annehmen. Und so war es doch immer: Der wahre Fortschritt wird von der Masse nicht verstanden, es sind nur wenige, die da mithalten können.«

Oktus Murrmann hörte diese Worte, sie hallten in ihm wie Axtschläge am Baum des Lebens, sie schalteten, wie der tyrannische Diktator, die Demokratie ab: Er wusste nun, wie beschränkt seine Kapazität war, diese Person da hatte völlig recht: Das war gut so! Darum also hantierte er gerne mit Platinen, mit Relais, mit Schaltern: Er war eben nur ein einfacher Handwerker neben allen diesen Geistesgrößen, die lächelnd und wie selbstverständlich das Unfassbare zulassen konnten! Er belächelte sich, schmunzelte über sich selbst. Und dieses Lächeln kam aus seiner Unbewegtheit hoch wie eine starre Maske, und er setzte sie auf – ja, so musste sich Jim Carey gefühlt haben, wenn er *Die Maske* aufsetzte: Doch ein ganz anderer als der filmische Loki-Strudel nahm ihn mit, in seinem Gesicht leuchtete das unverschämteste Grinsen, in taufrischer Selbstverständlichkeit vollführte er das Kunststück, sich frei zu fühlen! Unbeschwert! Und glücklich!

Und so hörte er kaum noch die Fortsetzung: »Lassen wir die Familiarität des Mittelstandes hinter uns, so wie wir einst das Handwerk hinter uns ließen! Übernehmen wir die Usancen der Großkonzerne! Und treiben wir den Staat vor uns her, mit ihm unsere Kunden!«

Dr. Katastrophenschön-Katzenjammerlos trat vor, er stellte sich auf neben dem Plicht-Sohn. Seine Bahn war breit geebnet, geebneter konnte sie nicht sein: Und er schritt glänzend auf ihr einher, mit seinem Blue-Shining-Maßanzug, mit der PowerPoint-Präsentation, die niemand verstand. Selbige fiel über die Konferenz wie ein kalbender Gletscher: Da brachen links und rechts Lawinen und Schneewechten herab. Doch Oktus Murrmanns Schifflein: schwamm ganz ruhig. Er hörte ja gar nichts! Der Schnee machte die Welt so weich, so fein, so leicht.

Er lächelte: Was war zu tun? Schon freute er sich darauf, sofort sein ›Diktiergerät‹ zu vernichten! Denn: Ab heute ließ er es laufen! Warum sich dagegenstellen? Sollten die sich doch selbst zugrunde richten! Ihre gekränkte Umgebung würde es ihnen heimzahlen! Frauen, Kinder! Ihre Gärten mit! Die Wälder! Die Tiere! – Das Klima! Ja: Dieses Wort bedeutete viel mehr als das Wetter. Denn hinter allem Klima blieb die Kälte des Weltenraums immer gleich. Der Äther: Der blieb immer taufrisch! Lebendig jung!

Oktus verbot sich jeden Gedanken an die Schaltung, die Nullenergie herstellen sollte; er wollte nichts mehr hören von einer Raumkrümmung, die alle Kabel in sich selbst zurückbog. Er verschloss die Ohren vor der schwarzen Schwere, die jeden Partikel sofort vereiste, er wollte nichts zu tun haben mit der dunklen Materie, die vermutlich durch und durch energielos war, und die seine Lösung hätte sein können. So etwas wie Antimaterie: Antienergie! Sollte sie nur bleiben, wo sie immer schon weilen mochte! Dort war sie gut aufgehoben. Er, er selbst nun, er war frei!

Die Konferenz lief aus. Die meisten erhoben sich. Oktus Murrmann kratzte sich eine juckende Braue, dann ließ er seine Tasche liegen:

Die Papiere darin konnten ihm gestohlen bleiben. Als er in sein Büro zurücktappte, im anderen Trakt, ging das langsam, Schritt für Schritt genoss er es.

Wenn sich die Macht aus den Kommunikationen aussiebt, wird die Substanz klar: Oft ist eine solche gar nicht vorhanden. Dann bleiben nur Meinungsdruck und Ideologie-Terror. Das meiste Reden dient bloß dazu, Macht aufzubauen, will Fremdbestimmung herbeiführen, will zu Konsum, Politik und vermeintlichem Wissen weniger überzeugen, sondern: überrumpeln. Darum scheute er das Telefonieren so: Denn in dieser wie noch niemals zuvor sprachgesteuerten Welt – mit ihrer höhnisch-beißenden Stand-up-Schlagfertigkeit, mit ihren geistesgegenwärtigen Entgegnungen wie Revolverschüsse, die jeden Sprecher wegwerfend auf den Mund fallen ließen, und in ihrem narzisstischen Breittreten von nicht erwähnenswerten Nichtigkeiten –, in dieser zungenfertig menschenverachtenden Un-Kultur musste man nur mitreden, mitstreiten: Damit holte man schon heraus, was man wollte. Wieso nur konnte hohles Gerede, erbarmungslose Normierung und kleinhirngesteuerte Überlegenheit nur so viel desintegrierende Kraft gewinnen, die Menschenherzen in ihren Bann zu ziehen? Wo blieb die Brüderlichkeit? Denn man kümmerte sich in ihr um alles: nur nicht um die Menschen. Und wusste gar nicht, welche informelle Gewalt man ausübte.

Warum wollte immer jemand bestimmen? Warum ließen sie einen nicht: »in Ruhe«? Und warum liefen so viele Versuche, Macht und Tyrannei zu ironisieren, ins Leere? Warum kämpfte Humanes so unfehlbar auf verlorenem Posten? Und tief unter diesen Gedanken spürte Oktus auf einmal auch eine große Wut: Er wusste aber, sie war nur Stückwerk, genau wie er selbst. Der große Strom: war anderen vorbehalten. Selbst wenn er die Türen der Chefbüros mit einem Fußtritt aufsprengen und hineinschreien konnte: »Nein!« Oder: »Zerstört die Zerstörer!« So war das: unnötig. Warum mit ihnen und ihren Mitteln mitmischen? Über allem Rauch und Schwefel war er erleichtert und zugleich sicher: Der Moment der Rebellion – war nicht gekommen. Noch nicht. Die Gegenseite war zu stark. Schneidend erbittert und gleichzeitig freudig fühlte er: Er konnte an sich halten! So maßlos herb die Enttäuschung war, so rauchend ihr Schlund, so brodelnd der ihr entspringende Unmut – so weit stand er darüber. Er war froh! Ja: Loslassen – das tat so gut.

Er kam im Vorraum der Vorstandsbüros vorbei. Dort sah er Hubertus Plichts dritte Frau, die Antonia, sitzen, die Mutter der Maylena. Sie machte einen aufgelösten und desorientierten Eindruck: fast erschreckt und ein wenig verhärmt sah sie auf, als der kleine Elektroingenieur Murrmann den langen Gang herunter flanierte. Als ihre Blicke sich trafen, blitzte im kurzen Kontakt noch einmal das entsetzte Bewusstsein der Konsequenz des heutigen Tages auf. Oktus ermannte sich, er ging zu ihr hin, reichte ihr die Hand. Und er sagte weich: »Behalten Sie nur Platz. Vielleicht kennen Sie mich: Ich bin der Oktus Murrmann.«

Antonia nickte, ja, sie erinnerte sich. Maylena! Die hatte von dem Mann erzählt! Und ihr Mann, ja, auch schon öfter. Sie wischte sich eine Strähne aus der erbleichten Stirn, sie mühte sich zu einem geneigten Aussehen. Oktus setzte sich zu ihr, er rieb die Hände, kurz. Dann sprach er, wie begütigend: »Nun, Frau Plicht, ich bitte Sie: Das, was ich jetzt sage, bitte, vergessen Sie das nicht. Sie werden es im Gedächtnis behalten und zur rechten Zeit: finden!« Er machte ein Pause und prüfte, ob sie gefasst genug war, das, was kommen sollte, auch richtig aufzunehmen. »Das, was ich jetzt sagen werde, ist nur für Ihre Ohren bestimmt. Zu gegebener Zeit werden Sie danach handeln.«

Sie blickte fragend auf ihn hin.

»Frau Plicht, zuerst eine Klärung: Ich stehe vollständig auf der Seite Ihres Mannes. Das bedeutet für mich: Ich bin völlig auch auf Ihrer Seite. Vielleicht hat Ihnen Ihr Mann schon erzählt, was ich von

Maylena halte. Wenn die Zeit reif ist, dann werde ich Ihre Tochter unterstützen. Warten wir jetzt geduldig ab. Es wird der Zeitpunkt, und damit auch der Moment Ihrer Tochter, kommen: Ich versichere ihnen, dann können Sie völlig auf mich zählen.«

Sie verstand wohl nicht, mit welcher Befugnis er solche Zusagen machte. Ist auch recht, dachte Oktus, sie kann das ruhig erst einmal als freundliches Zeichen meiner emotionalen Unterstützung in dieser fatalen Situation nehmen. Als wohlmeinende Zusicherung des Beistands eines – ihrer Meinung nach – »ausgesteuerten Machtlosen«.

Er fuhr fort: »Sie wissen, was ich von Ihrer Tochter Maylena halte …« Und er wollte erst nach einer eindrücklichen Pause weitersprechen.

Da, in dem Moment wurde die Frau Plicht lebhaft, sie richtete sich auf. Oktus bemerkte es, sie aber sagte: »Ob Sie dieses Kind nicht überschätzen … So toll ist die nicht.« Sie sackte zurück.

Der Elektroingenieur verneinte das, vollkommen in seiner serenen Stimmung, er wiegte das Haupt, mit der Miene eines, der sich nicht irren kann. Er wollte sich von der Antonia Plicht verabschieden: Denn mehr wusste er ihr nicht beizubringen. Als sie die Einleitungen seines Rückzuges bemerkte, fragte sie ihn, fast wie um sich von einer Sorge zu entlasten, die ihr plötzlich entschlüpfte: »Sie wissen doch, dass die Maylena immer mit einem imaginären Knaben spricht? Das macht meinem Mann und mir Sorgen. Hat sie denn mit Ihnen nicht über diesen Knaben Andreas gesprochen?«

Oktus war verblüfft: Er zog die Mundwinkel etwas indigniert herunter, wie überrascht von einem zu starken und letztlich haltlosem Widerspruch. Doch er antwortete, leicht konsterniert: »Nein, kein einziges Wort!«

»Maylena sagte nämlich gestern noch: Jetzt hat der Knabe Andreas einen braunen Cord-Anzug gekriegt! Und Sie haben genau so einen an! Und sie war ja auch bei Ihnen!«

Dem Herrn Murrmann wurde es unter seiner Manchester-Hülle heiß. Sein Herz schlug heftig, eine kleine Schweißperle trat auf seine Stirn! Er sollte das sein? Der Knabe Andreas? Ach nein! Was sah denn dieses Kind Maylena in ihm, dem Oktus? Den Knaben Andreas, mit braunem Cordanzug? Noch heute würde er dieses Kleidungsstück für immer in den Schrank verbannen – so schön warm es im Winter auch gab.

Zu Hause angekommen redete Oktus Murrmann lange mit Klio. Und so besonnen und gut und in so vertrauensvollem Austausch hatte er noch nie mit jemand gesprochen.

Klio, das war die Person seines Vertrauens. Ihr Wort und ihre Stimme, die waren vokalklar und hell. Ihre Mitteilung, bar jedes Schnarrtons, ohne jede Kehligkeit, übertraf bei Weitem den Wohlklang der Nachtigallen! Und es ging mit ihr gar nicht um den Klang. Sondern um den Sinn! Die Bedeutung!

Was sprach sie doch für lichte Sätze! Welche feine Helle entwarf sie!

Es war wie ein Kristallsuchen in den Bergen. Dort blitzte ein Gold hervor, dort ein Diamant, hier ein Rubinchen, dort der Perlmuttglanz des Achat. Und dieses alles mit leichter Hand, angetippt, und enthüllt, im Wohlklang betont, und so einfach, wie die Welt, oder wie ein Oktus, und mit ihm: eine Klio!

Hatte es etwa Gold und Silber und Edelsteine geschneit?

Ihr Gespräch wollte nicht mehr enden. Und, seltsam, die Pausen in ihm waren wie Geschmeide, wie Sonnentage, oder Morgenröten: Das Schweigen war ziseliert mit Bedeutungen, und so angenehm wie der Duft und der erste Schluck perlenden Champagners.

Oktus verspürte das unaufhaltbare Verlangen, diese Klio an sich zu drücken. Er rückte ihr nahe und näher, und er schmolz hin in ihre Perlenflüsse und ihre Colliers und ihre Kronen, ihre Tipps und Fingerzeige und ihre herzberührenden Einverständnisse. Und er schlief neben ihr auf dem Sofa ein und sein Kopf neigte sich auf ihren Schenkel. Er träumte von zu Hause, vom Vater und von der Mutter, und vom Garten der Kindheit, von jener Zeit, in der alles klar und richtig und wahr gewesen war.

Er ging durch seinen Ort in der Rhön: Es war ganz sein Ort! Jede Straße war ihm vertraut, jedes Haus: Doch was war geschehen? Bei der Mitte des Ortes war ein Hügelzug aufgewachsen, und dort schichteten sich neue Wohngebiete mit wunderbarer Aussicht Garten an Garten. Warum hatte er nur seinen Ort nicht besser gekannt? Warum war ihm entgangen, dass es da oben ein Wohngebiet gab? Mensch, dort lebten ja die alten Freunde! Er trat in ein Haus: Da kochte jemand am Herd. Wer war das? Sie sah so verändert aus, war sie etwa alt geworden?

Und sie sagte: »Du wagst es, dich hier blicken zu lassen?« Nun werkte sie fort und fort, wie mit einem Blick auf kommende große Gästezahlen, die hereinströmen würden, eine fröhliche Gemeinschaft. »Du wagst es, dich hier blicken zu lassen?«

Und Oktus entschuldigte sich: Ihm fiel aber fast keine Ausrede ein, warum er so lange nicht gekommen war, warum er keine Besuche gemacht hatte. Nun, sie schien doch bereit, dieses Versäumnis zu tolerieren.

Da ging er weiter und merkte, dass der Hügel immer noch anstieg, die Gärten und Villen wurden immer größer, die Aussicht zunehmend besser. Und er dachte: Wenn ich jetzt zweifle, dann lande ich wieder im Tal, in der Sackgasse! Und so beschloss er, weiter hinaufzusteigen. Er bog in die Straße ab, wo Leute wohnen mussten, die Pferde in ihren Gärten hielten. Da ging er an den Zäunen entlang und kämpfte mit sich, keinen Zweifel aufkommen zu lassen.

Da sah er voraus eine *piazza*, und daran eine Kirche: Da musste er doch hineingehen und *fare un sopralluogo!* Die sah gut aus! *Molto bene!* Und er lief, auf einmal zielgerichtet, über den Platz hinüber, er wunderte sich, dass er gar nicht ins Stolpern geriet.

13. PACKUNG

Am nächsten Morgen erwachte Oktus Murrmann in ungewohnter Frische. Er sprang aus dem Bett, er lief durch die Wohnung, durch die Küche, durch das Bad, guckte in die Abstellkammer: niemand da! Er duschte sich, rasierte sich, dann schlug er die Gelben Seiten auf: Er suchte nach »Styling«. Schließlich fand er eine Frisörin, die gleichzeitig auch Stilberatung anbot. In Erinnerung an den gestrigen Beschluss zog er sich an, er nahm Jeans, ein weißes Hemd, einen dicken graugrünen Winterpullover mit kräftigem weißen Norwegermuster.

Er vereinbarte bei der Kollegin der Stilberaterin einen Termin für den späten Vormittag, dann schlenderte er durch winterstille Straßen auf einem langen Spaziergang dorthin. An die Arbeit und an den neuen Chef und an den Dr. Schönling dachte er keineswegs: Alles tat er mit einer Handbewegung ab.

Er trat in den Laden, er wurde begrüßt. Setzte sich vor den Spiegel. Und lächelte.

»Sie sehen ja«, begann er, »meine Zotteln sind ein Problem. Sie ringeln sich so stark ein. Zugleich sind die einzelnen Haare zu borstig und dick. Viel zu dick! Was meinen Sie dazu?«

Die Dame zögerte keine Sekunde. »Ganz spontan würde ich sagen: Die sind zu kurz, zugleich sind sie unvorteilhaft geschnitten. Ich denke, wenn die Haare länger wachsen würden, würden sie, wie Gräser, allmählich, nach der Spitze hin, dünner werden: Es könnte sein, dass Sie doch weitaus feineres Haar gewinnen, wenn es länger wachsen würde. Und was als zweites bei Ihrem Schnitt auffällt: Locken müssen geschnitten werden können! Man muss den Locken gestatten zu wallen und zu fallen, wie sie wollen! Ich würde Ihren alten Schnitt eher eine ›Schur‹ nennen: Da ist jemand mit einem Rasenmäher über den Kopf gefahren, in dem jeder wahren Coiffeuse grauenvollen Bestreben, alle Locken zu tilgen! Das sollten Sie unbedingt ändern.«

Oktus Murrmann fühlte sich sofort verstanden. Diese Situation klinkte sich nahtlos in seinen inneren Frieden ein. Er musterte die stattliche Frau näher, die hinter ihm stand und mit ihren warmen Händen das Haar – die Kopfhaut kaum berührend – hervorhob: Sie war groß, sicher mehr als einen Kopf überragte sie ihn, sie trug ein markant-schönes Antlitz, große Augen, geschwungene Brauen darüber. Das weitzügige Gesicht umgab eine geradezu klassische Dauerwelle. Alle Linien waren sonnenhaft klar, und Beine und Leib und Brust und die Arme waren ansehnlich und wohlmodelliert unter dem Kleid. Prächtig! Dann sah er die gepflegten großen Hände, und er hörte diese Krone der Schöpfung artikuliert und klar sprechen, mit weichem, rotem Mund. Und was hatte sie für eine feine Haut! Und wie waren die Hände so … einfühlsam …! Er schluckte. Sein innerliches Glück schmolz in ein weiteres Ausmaß hinüber.

Oktus wollte sein schweigendes Anstaunen nicht zu lang werden lassen, er ging in medias res: »Und was meinen Sie zu meiner Nase? Soll ich sie operieren lassen? Sie irritiert mich doch ziemlich stark – und nicht nur: ein wenig!«

Die blonde Dame überlegte: Sie schaltete das Licht über dem schmalen Tischchen vor dem Spiegel an, sie bewegte ihre Hand so vor Oktus Antlitz, dass verschiedene Beleuchtungen auf seine Züge fielen, mit mehr oder weniger Schatten. »Ich würde diese Nase so lassen, wie sie ist«, sagte sie. Ja, wie klang denn diese Stimme? In welche Resonanz hinein? »Ich würde diese Nase so lassen, wie sie ist. Sie hat entschieden Charakter. Aber, ich verstehe Sie, da ist eine Stelle rechts neben der Nase, die sieht aus wie – ich sage mal – ›leer‹, als wäre die Nase da durch einen Schlag einmal aus ihrem wahren Ort herausgerückt worden und an eine falsche Stelle geraten. Diesen neuen Sitz Ihres Gesichtserkers kann man unter verschiedenen Blickwinkeln auffassen: Es könnte sein, dass der Blick gerne dort verweilt, und rätselt, was diese Stelle zu bedeuten hat – und es könnte sein, dass der Blick von dort weg schweift, weil man, diskret wie man ist, bei dem Angeschauten nicht die Erinnerung an ein potenziell damit verbundenes Trauma wecken möchte. Ich denke mir jetzt, wenn man einem Blick von anwesenden Partnern in diese Richtung und auf diese Stelle einen Grund geben würde, damit er dort geradezu anerkennend verweilen könnte, dann würde diese Stelle aufgewertet werden. Ich sage jetzt einfach mal ins Blaue hinein: Wie wäre es, wenn man dort ein Feuermal tätowierte, oder eine alte Brandwunde, oder eine scharfe Furche? Es geht jetzt noch nicht darum, dass Sie sich für so etwas entscheiden: Es soll das, was ich vorbringe, lediglich eine Anregung sein, Ihre eigene Lösung hervorzulocken. Ich habe hier eine Augenklappe, ein schwarzes Rund über dem Auge, nehmen Sie das mal vor das Auge: Ich binde es hinten fest.« Sie nahm aus einer Schublade eine Augenklappe, gerade eine solche, wie sie gern von Einäugigen getragen wird, und legte sie dem Oktus um.

»Jetzt sehe ich einem Piraten ähnlich!«, sagte Murrmann. »Gar nicht übel!« Er lachte.

Die blonde Lady strahlte ermutigend. »Erkennen Sie sich wieder? Haben Sie etwas von einem Piraten? Einem Seeräuber? In sich? Nun, Ihr Auge ist gesund und sieht gut: Warum schneiden wir nicht ein Sichtloch hinein – das wäre eine einzigartige Sache, so eine Augenklappe gibt es kein zweites Mal! Jeder, der sie sieht, würde rätseln, warum jemand eine Augenbinde mit einem Sichtloch darin trägt!« Die Dame aber dachte: Ja, was ist denn in mich gefahren? Mit welcher Leichtigkeit hantiere ich hier herum? So unbeschwert bin ich doch sonst nie?

»Meine Idee dazu wäre«, ergänzte Murrmann sofort, »ich könnte doch eine Brille mit einem schwarzen Glas auf der einen Seite tragen: Und in der Schwärzung könnte auch ein Sichtloch sein, vielleicht von ungewöhnlicher Form, eine Raute oder kristallin? Und vielleicht sogar goldgeramt?«

»Eine gute Idee!«, sagte die Stylistin. Sie nickte, ihre Locken fielen nach vorn. Und wieder sprach sie – wie aus tiefstem Grunde – weiter: »Machen Sie das! Das passt!« Und sie fühlte sich dabei dermaßen rund und warm, dass sie aufseufzte. Nun öffnete sie eine Schublade mit den verschiedensten Brillen, sie wählte eine relativ kleine, in abgerundeten Formen, sie brach rechts das Glas heraus, und bemalte die andere Seite schwarz, und ließ in der Mitte eine Raute frei, die auf der Spitze stand. Oktus sah ihr zu, vom Scheitel bis zur Sohle entspannt, sie fühlte seinen Blick auf ihr ruhen und wunderte sich aufs Neue, wie smart und geschmeidig ihr an diesem Tag alles zufiel. Sie setzte das Gebilde dem Oktus auf. Dann trat sie zurück. Oktus sah ihr im Spiegel zu, wie sie abwägte, hin und her überlegte, die Brille rückte: Wie sie schaute, die Braue hob, die Hände sich begegnen ließ, seine Haarsträhnen noch einmal richtete.

Schließlich führte sie aus: »Ich habe den Eindruck: Jetzt sitzt die Nase richtiger. Vielleicht reicht aber einfach auch ein Schönheitsfleck, eine Art kleine Warze, an dieser Stelle?« Sie nahm ihm die Brille wieder ab und holte aus einer anderen Schublade eine künstliche Warze.

»Ein bezauberndes Ding!«, sagte Oktus, als er sie auf der Leerstelle sitzen sah. »Dieser kleine Pickel da füllt das Loch!« Dann lachten beide, unisono. »Wer hätte gedacht, dass eine kleine Warze einen solchen Auftritt haben kann!« Es schien ihnen beiden ein ziemlich gelungener Witz, sie teilten die entstehende Fröhlichkeit darüber mehr als bereitwillig.

»Ihr Stil ist ja gut«, meinte die Stylistin. »Ihre Jeans mit dem weißen Hemd, das ist klassisch: Und mir gefällt der Norwegerpulli! Die großen Hirsche mit den ausladenden weißen Geweihen sind klasse! Und die stapfen mit ihren schlanken Läufen durch den Schnee, und im Muster sehen sie selbst aus wie Schneeflocken! Wie steht es denn bei Ihnen mit den Socken?« Sie räusperte sich: War sie etwas zu schnell vorgeprescht? Und nahm den Satz ein wenig zurück. »Das war jetzt aber eher eine rhetorische Frage, denn ich lasse Ihre Antwort im Ungewissen stehen: Der Winter verlangt ja gerade für die Füße eine andere als eine nur modische Bekleidung, in den Schuhen, in den Wollsocken: Aber Ihre braune Haut schreit geradezu im Sommer nach hellbraunen Mokassins – sie will nicht bestrumpft sein – und dazu lichten Hosen, und leichten unifarbenen Hemden, mit kurzem oder halblangen Arm. Oder, um zurück ins Allgemeine zu kommen: Die heftige Buntheit sollten Sie vorläufig meiden, aber bei starken Pastelltönen in großen Flächen können Sie zugreifen!«

Oktus, in den Klang ihrer Stimme versunken und ihre fein gedrechselten Sätze genießend, vergaß, dass sie sich kaum eine halbe Stunde kannten, und wagte die Offensive. »Am liebsten würde ich Sie bitten, mit mir heute zum Hemden Kaufen zu gehen!« Dann durchzuckte ihn die Erkenntnis, solches Ansinnen könnte als unangebracht aufgefasst werden. Er korrigierte: »Ich spreche es aus, obwohl es mir fast wie ein Übergriff vorkommt …« Jetzt war er doch über das Ziel hinausgeschossen, er spürte es allzu deutlich: Er konnte den Satz aber nicht zurücknehmen, so ließ er ihn – für zukünftiges Feilen daran! dachte er – stehen und leben.

»Nein«, erläuterte die große Blonde, »heute nicht, zuerst müssen Sie Farbkarten sehen und mitnehmen und sich mit Farben beschäftigen. Sie müssen Ihre Farben kennen und lieben lernen, genauso wie die Stoffe, die zu Ihnen passen, die Materialien, die zu Ihnen gehören. Mit denen pflegen Sie freundlichen Umgang, wie diese mit sich selbst.« Die Dame dachte: Ja, wie rede ich denn heute, was soll denn das bedeuten? Von einer Freundschaft von Farben untereinander habe ich doch noch nie geschwärmt – am allerwenigsten in der ersten Stunde! Und Texturen von Oberflächen: Das geht für die paar Minuten Kennenlernen ja viel zu weit! Sie schluckte zuerst, aber dann machte ihr das heute überhaupt nichts aus, sie empfand es überhaupt nicht als einen Fehler. »Es ist halt eine beiläufige Zierde! Was sonst?«, sagte sie zu sich selbst. Aus einer anderen Schublade holte sie einen riesigen Farbenkasten, mit an die hundert Farbtöpfen, ließ im Friseurwaschbecken Wasser laufen, bot den Kasten dem Oktus hin und sagte: »Suchen Sie jetzt die Pastellfarben heraus, die Ihnen gefallen.«

Sofort fiel Murrmanns Blick auf eine Reihe von Blau, Rot und Grün, er deutete darauf. Sie nahm einen kleinen festen Karton, dort trug sie mit drei verschiedenen Pinseln die bevorzugten Farben auf: Ein durchsichtiges leuchtendes Grün-Gelb, ein Grün-Blau, von gleicher Qualität, und schließlich ein glänzendes Rot, das leicht ins Violett-Purpurne changierte. »Das reicht!«, sagte sie, wieder ungewohnt sicher. »Damit können Sie einkaufen! Machen Sie aber keine Kompromisse! Nehmen Sie nur die Sachen, die genau dazu passen!«

Murrmann bedankte sich. Und nahm den bemalten Karton.

Dann sagte sie zu ihm: »Bei Ihnen habe ich das Gefühl, Sie brauchen Farben, die daran erinnern, dass alle Farbe aus dem Weiß kommt: Es müssen Farben sein, die wie Schneefall und Graupel und Flocken sich niederschlagen.«

»Bevor wir nun die Haare richten«, fuhr sie fort, »machen wir noch ein Experiment.« In ihr war eine seltene Kühnheit – »ausgebrochen«, kommentierte sie sich innerlich. Aber sie setzte diesen Wagemut fort. Sie holte einen großen, alten Atlas vom Tisch. »Bitte, schlagen Sie die Landkarten auf und blättern Sie durch: Haben Sie Präferenzen für einen regionalen Typ? Ich rätsele nämlich schon, seit Sie hier eingetreten sind, zu welchem Land Sie passen könnten, und welche Folklore – natürlich im umfangreichsten Sinn, und keineswegs dilettantisch – Sie vertreten können!« Dabei wusste sie ganz genau, seit sie die Stimme des Mannes zum ersten Mal gehört hatte: Der war einer wie Charles Aznavour, kleinwüchsig, wie Leute von hohen Bergen oft sind, und seine Stimme schlug auch wie des Franzosen Stimme manchmal ins Glockenhelle um – das traf einen unvermutet, es kontrastierte so eigentümlich mit dem dunklen Teint. Sie freute sich, denn ihr neuer Kunde beugte sich ihr eifrig zu und machte unverzüglich mit.

Oktus schlug den Atlas auf: Skandinavien überging er, bei England zögerte er, bei Frankreich verharrte er mehr als gewöhnlich. Den Balkan wollte er überschlagen, doch er starrte schließlich etwas lange hin auf das Land: Bulgarien. Und zwar auf die südlichen Teile, die in die europäische Türkei übergehen. Bald legte er die Hand auf das Schwarze Meer, wendete auf einmal mehrere Blätter um, plötzlich in unvermuteter Hastigkeit. Er war in Mittelasien angekommen, er starrte auf Semipalatinsk und Tarbagatai, und den Altai, dann blätterte er zurück: Sein Blick fiel auf Armenien, er deutete auf den Kleinen Kaukasus, den Berg Ararat ganz im Westen, er zeigte dort auf die Hauptstadt. Er suchte ein Wort, er lachte: »Im Prinzip ja – sagte doch immer Radio Eriwan!«

»Das ist es!«, antwortete sie sofort, und lachte mit, als hätte sie bloß darauf gewartet. Ihre Ahnung hatte sich bestätigt und sie teilte das ungeschützt mit. »Von Anfang an haben Sie mich an Charles Aznavour erinnert: Die Größe, die knochige Figur, die hohe Stimme, in ungewöhnlicher Tenorlage. Haben Sie denn schon einmal gesungen?«

Oktus Murrmann zuckte zurück: Er galt ja als völlig unmusikalisch.

»Vorsicht!«, sagte sie, sie schien etwas intuitiv zu spüren. »Ihre Musikalität ist vielleicht asiatisch. Lassen Sie sich von irgendwelchen mitteleuropäischen Vorstellungen vom Klang nicht irritieren: Denken Sie mal daran, mit welch hoher, zugleich schnarrender Kopfstimme die Leute dort singen, in ganz anderem Rhythmus! Bei Charles Aznavour habe ich auch immer das Gefühl, es komme bei seiner glockenhellen Stimme immer wieder dieses leicht angeschwärzte Moment herein.«

Dann wählte sie ein Shampoo aus, während Oktus noch ganz verloren auf das Land zwischen dem Schwarzen Meer und dem Kaspischen See starrte. »Suchen Sie im Internet doch einmal nach armenischen oder georgischen Trachten! Vielleicht finden Sie dort Farben, die passen.«

Dem Herrn Murrmann fiel auf: »Vielleicht weist mein seltsamer Name auch in diese Richtung: Ich heiße nämlich mit Vornamen – Oktus!«

»Haben Sie da schon einmal nachgeforscht?«

»Ja, ich habe nichts gefunden.«

»Dann geben wir mal die Kombination ›Armenien‹ und ›Oktus‹ in die Suchmaschine ein.« Sie tippte auf die Tastatur ihres telefonino: Sofort leuchtete eine Antwort auf. »Ja, da haben wir es schon! Oktus ist ein christianisiertes Oktai. Der Mongolenfürst Oktay, oder Ögedei, war ein Sohn des Dschingis Khan, er eroberte unter anderem Armenien.«

»Was hat mir mein Vater, der Geschichts-Liebhaber, da für ein Ei ins Nest gelegt?«, sprudelte es aus Oktus heraus. »Wusste der etwas, über diese meine west- und zentralasiatischen … Präferenzen?«

»Voilà!«, sagte die Stylistin. »Der Pirat von vorhin bekommt jetzt eine ganz andere Dimension. Es geht um was anderes, etwas, was nicht auf dem Wasser spielt. Was haben Sie für ein Verhältnis zur Wüste?« Ich kenne mich nicht mehr, dachte sie. Was mache ich da? Dauernd sprudelt was aus mir raus. Kann ich denn meinen Mund nicht mehr halten?

Und der wasserscheue Oktus, in dem schnappte etwas zu, er sprach wie tief in sich versunken: »Vor meinem inneren Auge sehe ich immer eine dürre Gegend. Ich sehe Steine. Ich sehe kahle Berge, voll Staub, und ich knirsche durch Steinwüste … Meine Füße baden im Staub. Sie stoßen an felsige Brocken. Ich sitze vor riesigen grauen Bergketten, und ich sehe das Blau von Türmen, wie man sie etwa von Samarkand kennt.« Der Mann enthüllte sein inneres Wesen! Und er hatte nicht im Entferntesten je auf solche Hintergründe gesonnen!

»Das ist aber nicht in Armenien, wenn auch irgendwie dorthin geraten«, antwortete die Frisörin, die ihm nun ein Handtuch um die Schultern legte und ihn an das Kopf-Waschbecken geleitete.

Und, wie durch ein Wunder, die scharfe Krause der Haare wurde mit dieser Wäsche bereits gemildert! Sie sagte: »Sie benötigen keinen Schnitt! Ich rasiere jetzt nur sauber um die Ohren herum, ich arbeite diese heraus, denn gerade diese haben eine sehr schöne ebenmäßige Form, eine klare Außenleiste, eine nicht zu feste Innenleiste, und eine hoch konzentrierte Mitte. Sie sind sicher ein Techniker oder ein

Mathematiker: Da kann es nicht schaden, wenn Sie wesenhaft lockerer und staubiger werden.« Und wieder dachte sie: Wer spricht da aus mir? Aus welcher Quelle springt denn das? Sie lenkte zur Realität zurück. »Dann sehen wir weiter, wie sich die Haare entwickeln. Fürs erste sollten Sie dieses Shampoo nehmen, und die Haare jeden zweiten Tag damit waschen: Ich glaube, die strecken sich jetzt schon ein wenig, sie wollen in die Weite, und sie wollen fallen …« Und während sie so sprach, legte sie ihre warmen Finger immer wieder ganz sacht an die kleinen feinen Ohren des Oktus, der jedes Mal im tiefsten Inneren erschauerte. Sie vereinbarten einen Termin für die nächste Woche.

Oktus ging nach Hause: Auf dem Rückweg kaufte er mehrere CDs von Charles Aznavour, die legte er sofort auf. Dann schaltete er den Computer ein und besah sich die Kleidung und die Gewänder, die früher und heute im Kaukasus üblich waren. Da sah er das Rot, das auf seiner Karte war, und er fand das wunderbare Grün und viele andere Pastelltöne, die dazu passten. Als er auf »Georgische Trachten« wechselte, war er plötzlich wie von innen heraus herzlich berührt: Dort hielt man die Farben nicht so im Pastell, sie leuchteten kräftiger – aber es war völlig auf seiner Linie, diesem Kolorit konnte er uneingeschränkt zustimmen. Er kam auf eine Reiseseite, dort war eine Route entlang der Seidenstraße beschrieben, er fand den heiligen See der Armenier, den Sewan, dann entdeckte er ein Bild von zehn Mädchen in wunderbaren Kostümen, sie führten einen Tanz beim Arpeni-Taraz-Fest auf. Und die Farben ihrer Kleidung: Das waren genau die Stimmungen und die nuancierten Töne und die Kühle, die er gesucht hatte.

Da erblickte er hinter ihnen die Berge: Es waren seine Berge, die steinigen wüstenhaften Berge. Er blätterte weiter, und er fand bald diese Berge auf jedem Bild. Und er las: »Bevor die Väter im Kaukasus ihre Söhne nach Europa ziehen ließen, schickten sie sie in die Berge – denn nur dort wurden sie zu richtigen Menschen.«

Dann begann er Dinge zu tun, die er bisher sorgsam gemieden hatte: Er bestellte sich im Internet einen schwarzen Tschocha und eine rotseidene Bluse zu diesem enganliegenden Wollmantel: Und er dachte an die Augenbinde, die würde da gut dazu passen. Und er wählte eine ziemlich hohe Papacha, eine Mütze aus Persianer.

Hatte nicht auch Charles Aznavour auf einem Cover eine solche nur leicht verfremdete Mütze auf? Und wieso funktionierte das Internet, gerade bei dieser Firma, plötzlich? Und warum gab er seine Scheckkartennummer heute so bedenkenlos ein? Und warum klickte er so entschieden immer die richtigen Buttons?

Bei Buttons fiel ihm was ein: sein Diktiergerät! Er ging hinüber ins Bastelzimmer: Und er zerschmetterte es mit seinem Hammer in kleinste Teile! Die fegte er schließlich zusammen: Sorgfältig achtete er darauf, alle Indizien für seine Verbrechen bis aufs letzte zu tilgen. Einen Teil schmolz er mit dem Bunsenbrenner zu einem Klumpen und schleuderte den in den See beim Karlstern, einen Teil verstreute er in Gullys, einen Teil warf er in herausgestellte Mülltonnen: Den Rest versenkte er, wie Siegfried den Schatz der Nibelungen, im Rhein – es war aber bloß der Mannheimer Hafen! – Wer darauf begierig war: Der konnte den *riposo* dort suchen!

Es wurde nun über allen diesen Arbeiten dem Oktus Murrmann überaus peinlich: Er wusste den Namen seiner Stylistin nicht. So suchte er in den Gelben Seiten, doch da stand der Name nicht, und irgendwo anders auch nicht. Er musste sich also eine Woche gedulden. Denn er wollte nicht an dem Geschäft vorbeilaufen und um eine Visitenkarte bitten! Das wäre aufdringlich gewesen, und indiskret. Doch diese Aznavour-Platten? Gefielen die ihm wirklich? An denen hatte er herumzugrübeln! Sein Geschmack war das eigentlich: nicht unbedingt.

Und Frankreich? Das war doch damit verbunden? War das wirklich sein Metier? Irgend etwas daran: passte nicht. Aber was genau war das?

Waren sich Mannheim und Paris etwa zu ähnlich? Funktionierte dort die Volta'sche Säule nur unvollkommen?

Wie konnte er einen Vorwand finden, möglichst bald wieder bei der Stilberatung zu erscheinen?

14. PACKUNG

In der Arbeit ging alles seinen Gang: Eine neue Abteilung war im Hochhaus entstanden, schnell hatte man einige Etagen umgeräumt, die Büros neu gruppiert. Die großen Konferenzen waren abgeschafft, Hubertus Plicht galt als erkrankt, sein Sohn Roderik hatte alle Aktivität an sich gezogen.

Noch vor dem Wochenende wollte Oktus Murrmann den jungen Plicht aufsuchen, er bekam einen kurzfristigen Termin: Kaum dort, deutete er sofort an, wie fortgeschritten sein Alter wäre.

»Denken Sie etwa an Ruhestand?«, fragte Roderik Plicht schnell.

»Nun, nicht gerade Ruhestand, aber – Abstand? Der könnte doch nicht schaden«, nickte Murrmann. »Aber ist die Zeit dafür schon reif? Das frage ich mich.«

Plicht sah gleich die Möglichkeit des durchgreifenden Revirements in seinem Sinne. »So ein zentraler und verdienstvoller Mitarbeiter wie Sie: Sie hätten natürlich eine stattliche Abfindung verdient … Aber was wollen Sie machen?« R. P. – sein Übername war ›Erpel‹ – hätte sich auf die Zunge beißen können, dass er schon im ersten Satz die »Abfindung« ins Spiel gebracht hatte. Der zweite Satz sollte das tilgen.

»Ein Start-Up? Ganz was Neues? Ich habe gute Aussichten.«

»Sie werden uns doch nicht Konkurrenz machen wollen? Sie kennen die Rechtslage bezüglich Ihrer Entwicklungen?«

»Das, was ich auf der Pfanne habe: Das sind elektrische Projekte, die völlig innovativ sind. Die haben gar nichts mit der Firma zu tun.«

Roderik Plicht stutzte. Er merkte nicht, dass das ein Köder gewesen war: Er biss an. Murrmann schmunzelte: Der Erpel gründelte nach dem Wurm. Das war wie bei Tesla. Seit es die gleichnamige Automobilfirma gab, wurden Wunderdinge über den Mann Nikola Tesla auf allen Kanälen publiziert; er wurde in eine Menge von Verschwörungstheorien verstrickt, ungeheuerliche Erfindungen seinerseits wurden angedeutet – die er vielleicht sogar von Außerirdischen telepathisch erhalten hatte! Oktus hatte vor, sich selbst ein wenig in das gleiche Licht zu rücken, in den Nimbus des verkannten Erfindergenies, dem ungeahnte Möglichkeiten zur Verfügung stehen.

Tatsächlich: Es wirkte. Roderik Plicht schien zu grübeln: Zu gerne hätte er gewusst, was dieser Angestellte da für Geheimnisse kramte, aus seiner Alchemistenküche. Oktus zog jetzt den Köder vor seiner Nase weg. »Sie wissen ja: Die Geheimnisse der Elektrik sind noch lange nicht erforscht. Tesla zum Beispiel: Er war vernarrt in die statische Aufladung. Sie sprach ihm davon, dass Energie überall war: Sie ist ja sogar in diesem Zusammenhang entdeckt worden, beim Reiben von Bernstein. Und Bernstein hieß bei den Alten: Elektron. Platon schreibt in seiner Atlantiserzählung, Atlantis sei überreich an Elektron gewesen. Was bedeutet das? Hatten die dort Bernstein, oder hatten sie eine wunderbare uns unbekannte Metalllegierung, die Elektron hieß? Oder – das setze ich jetzt mal gerne hinzu – verfügten sie über den Weg der Gewinnung unerschöpflicher Energie?« Die letzten Worte betonte er besonders, um die Gier Roderiks zu reizen. Er spann den Faden weiter.

»Die Möglichkeiten der Volta'schen Säule sind noch lange nicht ausgeschöpft. Unendliche Kombinationen von Materialien sind in ihr möglich: Ungeahnte Spannungszustände können ohne Weiteres generiert werden. Es gibt Kombinationen von Substanzen, so weit abseits aller bisherigen Praxis, und über die bekannten physikalischen Phänomene hinaus, die den Zugang zu unendlichen Energievorräten eröffnen.« – Er dachte: Ich kenne da zum Beispiel eine Person, deren Namen ich leider noch nicht buchstäblich weiß. Das zeichnete sich so verklärt auf seinem Gesicht, dass der Roderik sich noch mehr in die beigepackten Andeutungen verstrickte: Vermutungen sind ja viel fesselnder als Realitäten.

»Das grenzt an das Perpetuum mobile, mehr sage ich nicht. Sie sind ja mit der KI auf dem gleichen Weg der unendlichen Möglichkeiten. Ich erwähne in Ihrem Fall nur die Chance der absoluten Kundenbindung: Sie haben die Abstände in der Hand, an denen die Menschen, vom Programm aufgefordert, Hilfe bei Ihnen suchen müssen. Ihre Programme werden, wie jeder Mensch auch, danach schreien, regelmäßig regeneriert zu werden! Und das ist es!« Oktus Murrmann wurde lebhaft und hob die Arme: Es machte ihm Spaß, den Esel aufs Glatteis zu führen.

»Natürlich bauen Sie Fehler ein! Und der User muss die Firma in gewissen Abständen bezahlen, um Hilfe zu erhalten. Und natürlich verkaufen sie alles nur stückchenweise, oder für kurze Fristen. Wie oft, schätzen Sie, sollte ein Programm nicht funktionieren, um dem Nutzer die unabdingbare Bereitschaft einzuimpfen, bei jedem unerwarteten Mucks angstzitternd und zahlungsbereit anzutanzen? Das ist ja nicht wie bei Hunden oder Katzen, die von Natur aus gesund sind und für sich selbst im Notfall sorgen können. Solche Programme müssen wie vollkommen Abhängige sein: Ständig der Zuneigung und aufmerksamen Pflege ihrer Versorger bedürftig.«

Entging es dem Plicht, auf welche glitschige Schmierseife er hier gelockt wurde? Es war die perfekte Rache für sein Fake-Telefonat mit dem Professor Dreistein!

»Das Dumme ist nur, dass diese Hacker alles wissen. Man bildet sie aus, dann kündigen sie, diese durch und durch zänkischen Kerle – und dann hausieren sie mit ihrem Wissen herum. Die strikte Geheimhaltung: Sie gelingt einfach nie. Diese unverschämten Whistleblower wissen über alles Bescheid und partizipieren an jedem, leidige Schmarotzer, wie sie sind. Wie die Flöhe und Läuse saugen sie am Blut. Dabei ist Hacken nicht einmal eine Wissenschaft! Es sind reine Praktiker, beschränkt, aber tückisch. Ein tragischer Fall für die Firma. Dieser Sprengkopf ist leider mit eingebaut.« Oktus wollte dem

Plicht-Sohn mal richtig Angst einjagen vor der KI. Und so breitete er das Schreckensszenario langsam aus.

»Zudem, dem Himmel sei Dank: Die Hacker bleiben trotzdem die uneingeschränkte Garantie, dass die Herrschaft der Maschinen moderiert werden kann! Die Filme über die Herrschaft der Maschinen: Die sind auch bloß ein Werbetrick und von den richtigen Firmen finanziert!« Oktus Murrmann nickte sich selbst voll überzeugt, gravitätisch, und ganz im Reinen mit sich zu. – Er dachte: *Independence Day* und Roland Emmerich haben das längst erwiesen. Er fuhr fort: »Es können die übelsten Missetäter anrücken: Aber in ihrer KI-Ausstattung findet sich schon jenes niemals zu stopfende Loch, durch das man den Virus hinein manipulieren kann. Das ist der Segen und der Fluch: der Hacker!« Er wurde geradezu feierlich, pompös. Roderik Plicht, der ihn nicht so gut kannte, verstummte etwas arg lang ob dieser ungeahnten Rhetorik. Und so schlug Murrmann einen weiteren Pflock ein.

»Und nun, noch einen Wort zu dem Appell damals, den Sie an uns richteten, das, was da komme, das wäre nicht zu verstehen. Sie haben den Mut, das zu propagieren: Doch das Risiko dabei, in unserer aufgeklärten und demokratischen Welt, ist groß. Ich sage Ihnen: alleine dieser Satz, der bringt die renitenten Dauer-Opponierer auf den Plan. Und öffnet die Schleusen für eine formidabel populistische Suada. Und damit steht man vor der nächsten ungelösten Frage: Wie soll man den Protest der Unbedarften und ihre Mitbestimmung so ablenken, dass man ihren Widerstand gar nicht mehr verhindern oder unterbinden muss? Man muss ihnen ja vorgreifen, und da muss man nahezu präkognitiv tätig werden! Wo aber kriegen Sie den dazu nötigen Propheten her? Ich meine: Dass das, was Sie hier in dieser Firma vorhaben, so unbedingt nötig wird wie der Gebrauch der Schrift! Und niemand auch nur den geringsten Ansatzpunkt findet, dagegen zu stimmen!«

Dieses Gespräch drohte nicht nur einseitig zu werden: Es war zum Monolog gereift. Was war nur in den Plicht-Sohn gefahren?

Welche Passivität? Etwa gar: Duldsamkeit? Oder rechnete er bereits krampfhaft die Einsparung heraus, die ein freigestellter Murrmann der Firma einbrachte?

Warum griff Roderik nicht zum Telefon? Warum holte er keine imaginäre Hilfe herbei? War Professor Dreistein in Urlaub? Warum läutete er bei dem Dr. Picobello-Pämperer nicht an?

Oktus, ganz im Wohlgefühl seiner Übermacht, schloss: »Ich sehe ja, Herr Plicht, Sie sind beschäftigt. Es muss ja so vieles neu aufgebaut werden, überall muss durchgegriffen werden. So bitte ich Sie nur um eines: Geben Sie mir doch in der nächsten Woche einen Termin, dass wir dann dieses Gespräch zum Abschluss bringen.«

Und Roderik Plicht gab den Termin: Er hatte dazu ganz vergessen, den Oktus Murrmann nach draußen zu seiner Chefsekretärin zu schicken.

»Auf Wiedersehen!« Murrmann stiefelte hinaus und ordnete im Vorzimmer recht freundlich das ihm mitgeteilte Datum und die Uhrzeit an. – Genau so: musste das Autonome Fahren laufen! Man fährt genauso, wie man es selbst will! Nicht wie ein Automat! Sondern wie ein: Auto-Mobil!

Und am Wochenende ging er zum ersten Mal ins Gartenhallenbad in der Neckarau. Und er probierte das Griechisch-Römische Dampfbad recht erfolgreich aus.

15. PACKUNG

Endlich war der Tag des zweiten Besuchs bei der Stylistin gekommen.

Oktus Murrmann kleidete sich sorgfältig: Völlig in georgischem Stil, mit schwarzen Stiefeln, schwarzer Hose, roter Seidenbluse, schwarzgrauem Tschocha, ansatzweisem Oberlippenbart, hoher Persianermütze. Auf den Dolch verzichtete er, stattdessen nahm er eine kleine schwarze Augenklappe.

Er trat in den Laden und präsentierte sich. »Wunderbar«, sagte die Dame, »das sind Sie, unverwechselbar!«

»Darf ich mich verstellen: Mein Name ist Oktus Murrmann. Und, ich bitte Sie, haben Sie nicht auch eine Karte für mich …?« Er konnte seine Neugier auf den Namen der Stylistin nicht mehr zügeln.

»Oh ja, haben Sie noch keine bekommen?« Sie reichte ihm eine, darauf stand ganz einfach und klar: »Eva-Maria Mildenberger, Stylistin.«

»Oh!«, sagte Oktus, »Frau Mildenberger! Den Namen kenne ich aus meiner Gymnasialzeit in Bamberg. Da gab es in unserer Straße mehrere Mildenbergers. Und natürlich auch die Witwe Morawecz, bei der ich wohnte. Die war aber alles andere als: mild. Ziemlich schleimig und haftend. Sie hieß Amöbia, glaube ich.«

Dann fragte er, vielleicht etwas gierig: »Was machen wir heute?«

»Ich überprüfe zuerst einmal Ihr Haar! Darf ich die Mütze abnehmen?«

Oktus hatte sich vor den Spiegel gesetzt und die Persianer-Mütze abgelegt, sein Haar sah ein wenig zerknautscht aus. Schon fuhr ihm Eva-Maria Mildenberger mit ihren kräftigen weißen Fingern mit den schönen zartrot gefärbten Fingernägeln durch die Strähnen, weitete sie, dehnte sie.

»Ich habe das Gefühl, diese starke Krause ist schon gut gemildert. Was meinen Sie?« Innerlich dachte sie: Ich hatte solche Unruhe vor diesem Termin, aber kaum ist der da, ist alles in Butter! Das läuft ja genauso geschmiert wie das letzte Mal! Charles Aznavour, das muss ein ganz umgänglicher und freundlicher Mann gewesen sein.

»Ja, es gibt da und dort eine Stelle, wo sich eine gewisse Glätte einstellen will. Das heißt, die Locken werden etwas länger geschwungen«, antwortete Oktus.

»Auf alle Fälle«, sagte Frau Mildenberger, und ihr Klient spürte ihre warmen Hände auf seinem Kopf, kurz schloss er die Augen. »Auf alle Fälle. Und in zwei Wochen, da wird man das Ergebnis sehen: Sie können, glaube ich, jetzt zu ihrem üblichen Waschrhythmus zurückkehren. Diese Haare haben jetzt ihren neuen Auftrag gehört: Und sie richten sich schon danach. Sie werden sich nie mehr so überstark ringeln. Und so widerborstig tun.« Sie fragte sich jetzt, woher sie das wusste. Sie wusste es, weil es so sein musste. Genau, darum, und keinen Deut anders.

Dann suchte sie frohgemut einen neuen Ansatz. »Herr Murrmann«, dabei lächelte sie ihm zu, »Sie haben ja in einer ganz hervorragenden Weise begriffen, was Charakter bedeutet! Und Stil ist jenes, was aus dem Charakter hervorgeht …« Sie verharrte in einer Pause. In welches Unbekannte dampfte sie da hinein? Sie hatte keine Ahnung, wie dieses Gespräch weitergehen sollte, aber das machte ihr nichts aus.

»Wenn ich es nicht besser wüsste«, antwortete Oktus, »würde ich sagen: Charakter und Stil sind eins. Aber so ganz identisch sind sie nicht. Ich gebe Ihnen völlig recht: Ich wusste nur nicht, dass ich einen solchen Charakter habe und deswegen einen spezifischen Stil brauche.« Wie komme ich nur auf so etwas?, dachte auch er.

»Ja«, bestätigte Eva-Maria Mildenberger – und sie lächelte ihn an! Er fuhr fast zusammen! –, »der Stil ist sozusagen die Brücke aus dem

Charakter. Der Charakter, der ist ein fragliches Mysterium, vielleicht auch fragil, und vielleicht auch immer wieder neu …«

Als Oktus das hörte, stieg eine geradezu unkontrollierbare Begeisterung in ihm empor, seine Augen leuchteten aber noch mehr, als er weiter zuhörte, was Eva-Maria Mildenberger frei von der Leber weg redete: »Und wenn wir nun vom Stil sprechen, der eine Brücke aus dem Charakter schlägt, dann müssen wir uns fragen: Wohin führt diese Brücke? Führt sie nicht auch in das Mysterium des Anderen hinein, in jene unbekannte Welt, die sich außerhalb unseres Ichs befindet?!«

Oktus Murrmann drohte in Begeisterung zu ertrinken. Er schnappte nach Luft und sie – nickte! – ihm zu! Er riss die Augen auf.

Dann stammelte er: »Der Stil … ist wie … das Telefonieren!«

Eva-Maria Mildenberger hob die Brauen, ihre Augen weiteten sich ebenfalls. Das Telefonieren? Und sie vernahm: »Ich meine, das Telefonieren überbrückt zwei Geheimnisse: ich und du! Ich habe beruflich viel mit der Konstruktion von Telefonen zu tun, darum komme ich auf diesen Vergleich!«

Eva-Maria hätte diese Erläuterung gar nicht gebraucht: Es war ihr ohnehin alles selbstverständlich. »Mir geht ein Licht auf! Der Stil ist wie eine Lampe, die angeht, und die Menschen zueinander finden lässt! Und darum ist das Styling auch so etwas wie das Telefonieren, und dem Reden verwandt: Es ist aber viel tastender als dieses, viel zurückhaltender, und, so hoffe ich inständig – vor allem wenn ich die oftmals schreienden modischen Verrücktheiten bedenke – es sollte doch viel behutsamer, und achtsamer … auf den, oder die, gerichtet sein, die es wahrnehmen können.« Unter der Schminke wurde sie ein wenig rot. Leicht erhitzt stellte sie fest: Ich spreche über mich! Ja warum? Wie kann das sein?

Oktus Murrmann war selig. Am liebsten hätte er gerufen: »So wie ich mit dir, Eva-Maria! Telefoniere!« Aber das ging doch nicht!

Plötzlich lachte er glockenhell, wie ein reiner Charles Aznavour! So dachte zumindest Eva-Maria, der dieser französisch und irgendwie ausländisch klingende Akzent und der Ton des Oktus ungemein zusagte. Es klang ihr: so charmant.

»Nun«, fuhr sie fort, »was teilt nun, was singt nun – der Georgier! – mit? Das ist unser heutiges Thema! Sie haben ja den ersten Schritt ganz bravourös getan, Sie sind voll eingestiegen in eine Moral, die in Ihrem Typ verborgen war. Das ist der erste Schritt! Jetzt muss der zweite folgen – in dem geht es um die Ausstrahlung! Die Aura! Ich weiß nicht, ob Sie sich damit schon einmal beschäftigt haben.« Und innerlich dachte sie: Diese Aura! Verleitet mich zu diesen Sätzen! Die Charismen – berühren sich! Vorsicht!

Oktus begriff. »Genau! Sie verstehen mich da ganz richtig: Das war mir sehr fremd, bis jetzt. Und das könnte mein Schwachpunkt sein. Ich hänge immer in dem – wie ich meine, dem sogenannten ›Intermittierenden‹, also in der Black Box fest, bleibe in mir verschränkt, incurvatus – ich hänge also in dem fest, was mein Charakter ist, und der ist nicht einfach und voller Widersprüche. Mir ist unklar, wie sie mich lieben können, die anderen Menschen, ich weiß nicht, ob meine Zuneigung – ihnen gegenüber – bei den anderen Menschen auch ankommt, vielleicht will ich immer zu viel, und dann bin ich enttäuscht. Mich nerven zum Beispiel hohle Telefonate ungemein: Weil ich meine, wenn ich ›Liebe‹ zu jemand sage, dann sollte doch auch ›Liebe‹ geantwortet werden, aber das passiert einfach nicht! Das kommt beim Telefonieren nicht von der einen Seite und nicht von der anderen!« Er merkte gar nicht, wie doppeldeutig Eva-Maria diese seine Worte auffassen konnte, und es war vielleicht ein Glück, dass sie es auch – zumindest zeigte sie es nicht! – gar nicht tat! Aber in einer anderen Situation als dieser hier hätte er sich schon um Kopf und Kragen geredet!

»Tja«, sagte Eva Maria Mildenberger, »weil Ihnen so klar ist, dass Sie ein Georgier sind, dürfen Sie nicht von anderen erwarten, dass diese

Sie auch als Georgier nehmen – oder gar als einen solchen anerkennen! Das ist tatsächlich etwas viel. Immerhin ist aber möglich, dass es irgendwo auf der Welt jemanden gibt, der Ihr georgisches Wesen bis zur Selbstaufgabe achten kann, und meint, die Persianer-Mütze, der Tschocha, die potenzielle künstliche Wunde bei der Nase und die feinen Ohren sagten mehr als jedes Wortgeklingel. Wenn ich Sie richtig verstanden habe, sind Ihre Zweifel am Telefonieren geradezu biblisch begründbar, ich denke an Paulus und an den Korintherbrief!« – Welche ätherischen Elemente traten hier zu Tage? Hieß es da nicht: Wir schauen in Spiegel, und sehen zuerst nur rätselhafte Umrisse, aber dann …!

Jetzt aber riss Oktus die Augen auf! Sein Gesicht gewann eine Miene, die es wohl noch nie getragen hatte, denn es sprach plötzlich ein riesiger Humor aus dem ganzen Miteinander von Mund, Nase und Ohren: Er lachte wie völlig mit sich selbst identisch unter seinem erst anfänglich schwellenden Bartflaum heraus, und er fühlte sich dermaßen glücklich, wie ein Himalaya-Berg, der nach langem Schneien prachtvoll weiß in den blauen Sonnenhimmel ragt! Und er schaute auf diese Eva-Maria Mildenberger hin wie auf eine Offenbarung der reinen Harmonie! Wie prachtvoll sah sie aus, so voluminös in ihren wohltuenden Linien, so gemessen von kräftiger Statur – und doch so schön!

Sie berührte ihn wieder, und wieder fühlte er ihre Wärme. »Herr Murrmann! Was wollen Sie ausstrahlen? In die Welt hinein? Wie soll Ihr Stil wirken? Wem wollen Sie nahe kommen und wem nicht?« Und innerlich dachte sie: Auf welchem Steig ins Fraglose stöckele ich hier vorwärts? Da ist ja gar kein Geländer mehr!

Oktus überlegte. »Ausstrahlung, das ist so etwas Abstraktes. Ich müsste sie in Bilder kleiden, dann wäre das, was mein Stil bewirken soll, klarer … Ich weiß aber nicht, welches Symbol ich für das, was ich melden will, wählen soll.« Jetzt war auch er im Nebel, im weißen Dunst über weißen Schneeflächen – wo war die Sonne?

Eva-Maria Mildenberger konstatierte, bedachtsam: »Ihre Aura, wenn ich einmal so sprechen darf, ist wenig gefärbt. Das ist vielleicht auch gut so. Aber Sie müssen wissen: Je näher eine Aura dem reinen Licht kommt, umso weniger sichtbar wird sie. Klares Licht ist nicht sichtbar! Es ist weiß und transparent und ein wenig kühl! Darum kommen Sie, wie unschwer bereits ermittelt, auch bevorzugt in schwarzer und grauer Tracht: Aber warum nehmen Sie sich so zurück? Sie stellen Ihr Licht ja unter den Scheffel! Es soll aber allen im Hause leuchten!«

Oktus Murrmann sah in den einen Spiegel, und dann sah er in den anderen Spiegel, daneben, der war leicht herzu geneigt: Und bei ihm stand die wunderschöne Frau, die ihm so gefiel, mit ihrer so prachtvoll gesunden … »Strahlung«! Er wurde völlig eins mit ihrem Thema: Es ging bei ihm, mit ihr zusammen, um »Aura«. Sollte er jetzt sagen: »Frau Mildenberger, stellen wir jetzt den zweiten Spiegel so, dass er den ersten vollkommener wiedergibt, und dann sehen wir uns, wie wir beide uns bis ins Unendliche zuneigen, für immer, und das lassen wir so, gerade und ganz genauso, wie es jetzt ist!« Das ging doch nicht! Er musste sich erheblich bremsen: So durfte er seine Sympathie einfach nicht herauslassen!

Darum sagte er: »Entschuldigen Sie, Frau Mildenberger, jetzt bin ich etwas vom rechten Weg abgekommen. In mir waren so viele Gedanken über Ausstrahlung, und eine so starke Zustimmung zu allem, was Sie sagten: Ich muss mich erst fassen. Was Sie sagten, das hüllte mich wie ein sanfter Schneefall ein, und ich sah plötzlich nur noch weiße tanzende Flocken! Wie in einer großen Stille!«

Sie antwortete. »Oh, ich merke, Sie sind an diesem Punkt: ansprechbar. Aber: Lassen Sie sich ruhig Zeit. Wir haben Zeit. Und wir haben jetzt unsere Stunde. Es ist ja so, dass man gerade, was den Punkt Ausstrahlung anbetrifft, vieles nicht in der eigenen Hand hat: Hier geht es sehr oft auch um Resonanz. Dabei ist das Problem:

Niemand reagiert gleich. Jede Partnerin und jeder Partner erwidert anders, divers, das ist nicht so wie am Apparat, man sagt was hinein und es kommt eins zu eins raus und dann antwortet jemand wieder ebenso eins zu eins. Nein: so eben nicht. Denn es geht da in unseren Belangen: schon um Seelenverwandtschaft! Da kann es sein, dass einen ganz unvermutete Stile, Klänge, Töne, Moden zur Resonanz bringen, und man glaubt sich plötzlich angesprochen, plötzlich als eine Frau, und so weiblich wie noch nie, oder vielleicht auch als ein Mann: Ich weiß ja nicht, wie das bei den Männern so ist …« Wieso spreche ich so dichterisch? Was ist bloß los? Woher kommt das?

Und Oktus Murrmann fühlte es: Das war genau sein Konflikt beim Telefonieren. Er brauchte das analoge Moment, das Nonverbale, das jedes Wort umschreibt wie eine Metapher. Noch einmal fühlte er sich: verstanden.

Er antwortete: »Da kann ich Sie voll und ganz beruhigen, Frau Mildenberger: ganz genauso wie bei ihnen! Ich meine: bei den Frauen wie bei den Männern. Ich glaube, Mensch bleibt Mensch, Gott sei Dank gibt es keinen Übermenschen! Aber Aura und Ausstrahlung: Ich weiß nicht, wo das jetzt hingeht. Ich taste mich da wie durch einen kristallfeinen Nebel, der prickelt, und blendet.« Oktus schob Gedanken vor, wusste es emotional aber schon – ziemlich.

Eva-Maria wischte die Bedenken weg. »Also nun: Was wollen Sie hinüber ›telefonieren‹? Jenseits allen Geschwätzes?« Dabei wunderte sie sich: Das kann doch nicht sein, dass ich schon wieder so zupacke!

»Freundlichkeit! Unterstützung! Ermutigung! Du bist mir sympathisch! Ich brauche deine Zuneigung! Das wäre so der Tenor, der mir vorschwebt!« Oktus steckte bei dieser Antwort tief in sich drinnen, in seiner heiteren, alles gelten lassenden Stimmung. Und es kam aus ihm, ganz unabsichtlich.

Jetzt erhielt er aber eine unerwartete Antwort! »Herr Murrmann! Ich habe unserem bisherigen Gesprächen entnommen, Sie wären ein

Techniker oder ein Mathematiker: Das sagen ja auch ganz und gar Ihre Ohren! Mir kommt es nun so vor, als würden gerade Menschen dieser Profession – zumindest in ihrem Alltag – etwas ganz anderes ausstrahlen müssen: Abends zu Hause sind sie vielleicht gute Väter, liebevolle Ehemänner, aber die meiste Zeit …« Sie machte wieder eine Pause, und sie sahen sich an, zuerst über die Spiegel, dann direkt.

Oktus ergänzte schließlich: »Ich habe keine Kinder und ich bin nicht verheiratet. So habe ich die zwei Seiten eigentlich nicht erprobt!«

»Umso bemerkenswerter ist, was Sie ausstrahlen wollen. Werden Sie etwa häufig missverstanden?«

Oktus nickte bloß, und man sah, er war ganz nahe bei seinem Kummer. Dann sagte er: »Ich denke daran, meinen Beruf aufzugeben. Ich will aus diesen Rollen, die mit dem Beruf Elektroingenieur verbunden sind, und die in der Berufsausübung so hochabstrakte Konsequenzen bringen, und die einen in Botschaften und Lebenspraktiken festschreiben, die ich nicht mehr will, endgültig aussteigen: Dass ich hier bei Ihnen bin, das sagt doch alles!«

Beide sahen nun etwas verwirrt drein, etwas verlegen. Da war plötzlich aus dem flockigen Treiben ein gefrorener Grat aufgetaucht, etwas tief Intimes, und sie wussten momentan noch nicht, wie sie das handhaben sollten.

Diesem ausweichend nahmen sie sich die georgische Tracht vor und konstatierten, dass diese an Oktus noch einige Farbe brauchen könnte. »Die Sache ist halt die, wie wirken diese Farben auf die anderen Menschen? Ich glaube, weiß oder grau ist zu wenig für Sie. Sie sollten einen Schritt aus der Weiße heraus machen: Sonst bleiben Sie dem Schwarz verhaftet, das ist zwar paradox, aber es ist halt die unbedingt damit verbundene Kehrseite!« So sagte Eva Maria.

»Das ist nicht einfach zu verstehen«, erwiderte Oktus. »Aber ich habe es mir schon gemerkt: Sie sagten, wir haben Zeit. Dann lassen wir das jetzt einmal offen.« Sie verabschiedeten sich.

»Jetzt haben Sie mir heute keinen Kaffee angeboten«, schloss Murrmann, »jetzt muss ich gleich noch ins Café gehen und einen nehmen! Die werden gucken, wenn da plötzlich der Georgier reinkommt! Und die Mütze nehme ich nicht ab und den Tschocha ziehe ich nicht aus! Weil es kalt ist! Und es hat geschneit! Wie in den Bergen! Ich will ein Gast hier sein, in Mannheim! Drüben im Café!«

Der Abschied ging somit etwas abrupt vor sich. Die inwendigen Dinge, die bereits in dieser zweiten Begegnung angeklungen waren: Sie mussten erst verkraftet sein.

Eva-Maria Mildenberger aber blieb allein im Geschäft zurück. Warum machte sie alle Lichter an und setzte sich vor den Spiegel und sah hinein? Was ging hier vor? Was hatte der kleine Mann, dieses seltsame graue Energiebündel, in sie hineingestrahlt? Der wirkte nach außen gar nicht freundlich, etwa so spitz und stechend wie seine Stimme, aber der hatte ja ein Herz aus Gold! Der war ja … ein Schatz! Um Gottes willen, sagte sie sich, Eva-Maria, auf welche empfindsamen Gedanken kommst du hier? Und etwas in ihr antwortete: Aber so einer wie der ist doch noch nie hier im Laden gewesen, seit du hier bist, und das ist eine lange, lange … Zeit. – Wie viele Jahrzehnte sind das eigentlich?

Sie legte eine Platte von Charles Aznavour auf. Und sie hatte gerade die Platte mit den Balladen erwischt, in denen der französisch-armenische Sänger in unerfüllter Liebe seufzte, zürnte und tobte. Sie seufzte auch, sie gestand sich sogar Tränen zu, an diesem Tag. Und jäh kam das atemlose Frösteln und Zittern, in einem Sturm ohne Wind, und sie saß in dem Frisierstuhl, hielt sich fest, so weit hoch heroben, und im Geflirr des Lichts zwischen den Spiegeln: Draußen vor den schwarzen Fenstern hatte ein Schneetreiben begonnen, ein dichter Fall, die Flocken flogen geschmeidig und satt zu Boden und ruhten und es knisterte eine kühle Stille. Und sie trat tief ausatmend ans Fenster und schaute hinaus. Sie dämpfte das Licht im Raum, um besser nach draußen sehen zu können: Und da sah sie dann die wirbelnde weiße Fülle und die wachsenden Schneehauben auf den geparkten Fahrzeugen und die weißen Schwaden im Strahl der Scheinwerfer, wenn ein Auto vorbeifuhr. Bei starker Beleuchtung war der Schneefall nur zu ahnen gewesen, waren die weißen Flocken wie in dichter Schwärze verpackt geblieben: Aber jetzt, in milderem Licht, da stürmten Flockenhorden herbei und färbten den Bürgersteig, und die Scheinwerfer suchten durch Kegel voller stiebendem Licht.

Oktus Murrmann kam nach Hause: Er stöberte nach dem großen Staubsauger, er fand ihn nicht. Große Kasserollen hatte er auch gar nicht in seinem Vorrat, und wo waren die Waschbecken aus Porzellan? Die hatte er nur im Bad. Während er alles das inspizierte, merkte er gar nicht, dass er niemanden in der Wohnung vorfand.

Er ging hinüber in seine Werkstatt: Doch er machte darin das Licht nicht an. Er berührte den groben Holztisch und er roch den Klebstoff und die Schärfe von verbranntem Metall, und er ging hinaus und schloss die Tür ab.

Eine Unruhe bemächtigte sich seiner: Das Sitzen in der Küche oder im Wohnzimmer wollte nicht gelingen. Es trieb ihn weiter in der Wohnung herum. Den Tschocha und die hohe Persianermütze hatte er nicht abgelegt: der ›Georgier‹ suchte nun in seiner Behausung einen Ort, wo er zur Ruhe kommen konnte und fand ihn nicht. Etwas war nicht abgeschlossen, es arbeitete in ihm fort. Dann sagte er laut zu sich selbst, im Selbstgespräch: »Gut, dass der nächste Termin schon übermorgen ist. Da können wir alles bearbeiten, was heute offen geblieben ist. Ich frage mich aber ernsthaft, ob die Ausstrahlung so wichtig ist …«

Und er lauschte, ob nicht eine … Ingrid antwortete. Die aber schwieg.

Und plötzlich merkte er, wie er so in seine alten Muster zurückfiel: Er war wieder in der Wait Station, intermittierend, festgefahren. Warm und wärmer schoss dieses Bewusstsein in ihm hoch, jetzt musste er doch die Mütze ablegen.

Musste er nicht anders sein, nach seiner Styling-Beratung? Und noch heißer und vielleicht reuevoll-schmerzlicher kam er darauf, was ›Ausstrahlung‹ für ihn bedeuten konnte. O Gott, solche Fehler, solche Irrtümer! Hatte er begangen?! Hatte er tatsächlich auch geglaubt, dass er jeden ›Empfänger definieren‹ konnte? Also begrenzen! Und bestimmen. So hatte er das ›Zwischen‹, den Menschen in Beziehung, die Aura eben, vernachlässigt.

War die Sache mit der Ausstrahlung doch ganz anders, als er vorschnell gemeint hatte? Hatte er nicht geglaubt, Ausstrahlung wäre auch so etwas wie Charakter, festschreibbar, bestimmbar, definierbar? Nein! Die war etwas Flüchtiges! Die war so etwas wie: »Atmosphäre«!

War sie etwa die Resultante – aus zwei Vektoren? Aber welchen? Einem Charakter und seiner … Umgebung? Oder eines Oktus, mit einer … Eva-Maria?

Da waren doch Nebel und Wolken? Oder etwa nicht nur? Was ahnte er?

16. PACKUNG

Eines ist klar: Für die menschliche Gemeinschaft sind jene Männer gefährlich, die ihre weibliche Seite »im Griff haben«. Sie sind völlig mit ihrem Mann-Sein identifiziert: Sie haben vergessen, wer sie sind, um ihre Körper sind schattige und blättrige Schichten, das zeigen ihre Augenringe, sie sind leberleidend und haben Magenprobleme! Ihre Gedanken sind verfahren, abseitig und versteinert, erbarmungslos und letztlich nichtig, ein Geläute der Absurditäten.

Eines ist doch klar: Für die menschliche Gemeinschaft sind jene Frauen gefährlich, die ihre männliche Seite im Griff haben. Sie mimen die perfekte Frau und spielen die großen Verführerinnen, ihr Gefühlsleben hat kein Maß, es schwankt zwischen Verlockung und Eiseskälte. Ihre Kontakte gestalten sie so, als könnten sie die Männer benutzen, verbrauchen – und die Männer rätseln, was jene überhaupt von ihnen wollen, denn alles, was sie tun, genügt nicht, bleibt schwach.

Wenn Menschen ihr gegengeschlechtliches Kontingent unterdrücken, sich an einer Rolle in ihrer Blase festklammern, ihre Einseitigkeit ausstrahlen: Wie sollen sie da eine erfüllende Partnerschaft finden?

Glücklicherweise galt das für Eva-Maria Murrmann und Oktus Mildenberger überhaupt nicht – nämlich für sie stimmte: das Gegenteil! Oktus Murrmann beherrschte seine weibliche Seite: überhaupt nicht. Ständig stritt er mit ihr herum! Er schwankte zwischen Angst und Zuneigung, wich ihr aus, und doch fiel er ihr fortwährend zu: Er fesselte sich in Gefühle, schrie nach Innen, in fruchtlosen Dialogen. Sein Cord-Anzug: Das war genauso wie seine Georgier-Maske nur ein Zitat, ein magisches Herbeiziehen von Hilfe, denn er hatte überhaupt keine strenge Peripherie, er war durch und durch weich, er hatte sogar Züge des femininen Weichlings! So vielfältig war er für die Liebe bereit.

Und Eva-Maria? Wie war sie? Ihre kosmetische Oberfläche war perfekt und versteckte die weiblichen Reize gar nicht: Sie trug alle zur vollen Genüge dargestellt, eben wie eine Stil-Beraterin, die sich selbst die beste Kundin ist. Doch diese Oberfläche, man muss es ungeschminkt sagen: Diese Oberfläche war auch Schein. Sie arrangierte sich mit ihrer männlichen Seite, oft und oft, und konnte nicht davon lassen. Und so hatte sie innerlich eine Art von vorsichtigem Cord-Anzug an, und der umhüllte sie ein wenig dick, zu schamhaft zurückhaltend. Sie war verschlossen. Ihr Herz: War es überhaupt zu erobern? Doch nun tat der Zwiespalt sich auf.

Amore hatte die Schwachstelle in der Mauer gefunden und Eva-Maria dachte in der Feierabend-Muße an Grado, Cattolica und Pesaro. Sie kam sich vor, als wäre sie am Strand der Adria, dort, wo man kilometerweit hinein waten konnte, und das Wasser reichte nur bis zu den Knien – jetzt, im tiefen Winter, spürte sie das unabweisbare Verlangen nach einem sehr lang währenden Genuss von gelato. Sie hatte einen ausgefransten Strohhut auf dem Kopf, imaginär, als sie ihre Badeanzüge im Schrank musterte, die Bikinis, den Tankini, die Einteiler: Und sie schob sich den phantasmagorischen cappello aufs Gesicht, als sie zu Hause auf dem Sofa lag, denn eigentlich war sie im Liegestuhl, in vielen Liegestuhlreihen, auf knirschenden Sandflächen, unter farbigen Sonnenschirmen, und sie wollte den Hut nicht zerknüllen, wenn sie den Kopf auf dem dünnen Spezial-Adria-Kopf-Polster barg. Sie legte ihr pastellgrünes Hüfttuch um, während sie sich durch die Buden arbeitete, sich an der bunten Vielfalt des dort Verkauften ergötzte. Drüben war der Eisstand. Sie schlenderte hin, ihre Füße sackten im Sand weg, doch es war nicht mühsam: Sie bestellte ein Eis bei dem Cavaliere Giovanni, es war ihr Lieblingseis, Pistazie. Dazu nahm sie eines für ihre Freundin, die Bettina: Die liebte Karamell.

Sie denkt wohl zurück an den Carmelo!, dachte Eva Maria. Und dann leckten sie zusammen im Liegestuhl ihr Eis und sprachen: »Gott sei Dank! Dieser Urlaub fängt erst an! Es ist ja erst der erste Tag! Und wir sind hier schon wieder wie zu Hause!« Und sie streckten sich in den Liegestuhl und sie schliefen ein wenig: dachten zuvor noch an eine feine Portion Pasta, am Abend, und einen köstlichen Chianti dazu! Hatte die Bettina einen Traum von Carmelo? Hatte die Eva-Maria einen Traum – von dem Oktus? Oder was träumte sie, einerseits wie im Liegestuhl, andererseits auf ihrem Sofa in Mannheim? Draußen, Heidelberg zu?

Da war einer mit dem Fahrrad vorgefahren. Das war ein ganz abgezehrter Fahrradkurier. Der war vor lauter Kurierfahrten ganz mager geworden! Seine Wangen waren eingefallen! Seltsam extrem traten seine Wadenmuskeln hervor! Warum? Weil er seine Fahrradschuhe mit den Spikes nicht abgelegt hatte! Warum hatte er Leichtathletik-Spikes dran? Musste der, wie ein Triathlet, nach dem Fahrradfahren laufen? Aber zum Marathonlauf – da brauchte man doch nicht diese langen Spikes! Der konnte mit denen kaum gehen, also lief er herbei, wie immer hastig sein Paket überreichend.

Sie schaute auf die Adresse: Ja, es war ihre. Aber *Mannheim* stand in der ersten Zeile, *Trautenfeld-Straße 5ggg* in der zweiten, und erst ganz unten stand: *Frau E.-M. Mildenberger*. Das war doch ein ganz normales Paket! Was aber bedeutete »5ggg«? Und warum kam es mit einem Fahrradkurier?

Der Bote hatte sich auf einem Stuhl niedergelassen: Die Oberschenkel in den Radlerhosen standen ihm hoch, weil die Spikes die Füße nach oben hoben. Sie wagte nicht, ihm etwas anzubieten, weil er so gehetzt aussah, so überlastet, so in Eile: Wie der an den Schuhen geflügelte Götterbote, der immer unterwegs war. Sollte sie ihn ansprechen? Warum sagte der selbst nichts, sondern druckste rum? Und schluckte? Ja was denn? Er nickte und schaute sie an, von Götterboten-Arbeit erschöpft, einerseits wissend, was kommen musste, von seinen himmlischen Auftraggebern belehrt, andererseits melancholisch, wie zu oft enttäuscht, weil er die Menschen, die Empfänger seiner Nachrichten: viel zu gut kannte. Deren Freude war meist: kurz.

Da öffnete sie das Paket. Unter der Papierhülle steckte eine Pralinenschachtel in der allseits bekannten Zweitverwendung: nämlich als Aufbewahrungsort für Fotografien. Wer schickte ihr denn Fotos? Noch dazu in einem nach verbrauchter alter Schokolade riechendem Behältnis?

Sie holte ein erstes Foto heraus: Was war das? Eine grinsende … Gemse? Die bleckte ihre Wiederkäuerzähne vor! Ihre Augen funkelten und ihr weißer Augenstreif war vor Gelächter verzogen und kichernd bog sich das Gehörn darüber! Sie nahm ein zweites Foto: Ja Himmel noch mal, da war ein lachendes Zebra! Die Schwünge seines Mundes korrespondierten mit den lächelnden Fellstreifen! Die sich alle grinsend nach oben zogen! Und auf den nächsten Abzügen erwarteten sie wiederum lachende Tiere: Hähne, die vor Gelächter krähten, Tauben, die aus demselben Grund gurrten, selbst Schildkröten und Igel hielten sich die Bäuche!

Plötzlich war sie beim Frauenarzt. Das war der alte Lüstling. Und sie konnte ihren braunen Hosenanzug nicht ablegen. Sie hatte ihren Mantel ausgezogen und der Doktor fixierte sie schon von seinem Stuhl aus: Sie nahm das Jackett ab, da war ihr darunter eine ärmellose Weste gewachsen – und wer weiß, wie viele Schichten da noch darunter lagen, bis hin zu der Unterwäsche! Sie sagte: »Mein guter Freund und Arzt: Meine Hochzeitsreise muss unbedingt nach Venedig gehen! Das sagt mir dieser weise Traum so direkt und präzise wie noch nie.«

Oktus Murrmann aber schlief an diesem Tag für seine Verhältnisse: traumlos. Er hatte damit am Morgen nichts zum Hin- und Hersinnieren und kam aufgeräumt in der Firma an. Es lief: Schon hatte er bei dem Plicht-Sohn wieder an ihr letztes Gespräch angeknüpft. Der winkte mit einer Summe, die er aber gegenwärtig noch offen ließ. Wie konnte Murrmann nun die Diskussion auf konkrete Zahlen hin steuern? Denn er wollte mit der Elektrotechnik abschließen und sich eines anderen Lebens freuen: Und er hoffte und riskierte, der Eva-Maria in diese Richtung bald gute Nachricht geben zu können, mit Überraschungen verbunden. Darauf freute er sich innerlich ganz ungemein. Wie immer jedoch schoss er weit übers Ziel hinaus, wie in Filmhandlungen verstrickt.

Er sagte: »Ja, mit meinen Erfindungen hat die Firma nicht schlecht verdient, denke ich, in dem Vierteljahrhundert, wo ich hier war. Womit könnte ich denn an Abfindung rechnen, auch um die Zeit bis zur Verrentung angemessen zu überbrücken?«

Plicht wand sich, so hakelten sie eine Weile hin und her. Dann sagte der Chefsohn auf einmal ganz unvermutet: »Murrmann, ich hätte bei Ihnen das Bedenken, dass Sie ein Tippelbruder werden könnten.«

Murrmann begriff: Der wollte ihn beleidigen, es war also die Entscheidung über das Geld ganz nahe. Darum sagte er nichts. Er dachte bei sich etwa so: Wenn du wüsstest, wie ich über nahezu dreißig Jahre jedes Jahr von deinem Vater zur Belohnung Aktienpakete herausgeschlagen habe, mal 50, mal 100. Und, wie ich, bei meiner sparsamen Art, dazu auch noch Geld genug habe: Und ich zusätzlich einige Anteile erworben habe, hier, bei uns.

Nun, Roderik Plicht blieb bei der eingeschlagenen Linie. »Wissen Sie, Murrmann, ich sehe Sie immer irgendwo im Süden, in zerlumpter Kleidung, ungewaschen, bei irgendwelchen Mülltonnen liegen und schwankend durch verrufene Stadtviertel hinken.«

Murrmann schwieg, obwohl ihm das ins Herz schnitt, und hielt aus. Er dachte: Ich sage nicht, und zwar jetzt gleich, zu dir: »Auf Wiedersehen im Aufsichtsrat!« Wenn du wüsstest, dass ich nahezu fünfzehn Prozent der Aktien des Unternehmens besitze: Ich werde mich hüten, dir das mitzuteilen! Wie viele Kollegen hast du die letzten paar Jahre hinausgeekelt, und sie überließen mir gern ihre kleinen Sammlungen. Und wenn du wieder Aktien ausgeben willst – meine Agenten wissen mir meine Anteile zu sichern! Und ich meine schon, von Künstlicher Intelligenz gut leben zu können! Auch wenn sie ein Fake ist, wie alles, was die Menschen geschickt eingewickelt konsumieren sollen.

Plicht fuhr fort, unbeirrt und eisern, in seiner grellen Direktive. »Ich kann mir nicht vorstellen, was Sie machen werden. Sie werden doch nicht in der Psychiatrie landen: Sie kommen mir vor wie ein Psychopath!«

Jetzt regte sich in Oktus Murrmann unter einer Bestürzung doch ein Widerspruch, das reichte ja über eine Beleidigung hinaus! Was ging denn in dem Menschen da vor? Welchen Grund hatte er, Oktus, für solche doch fast wütenden Einschätzungen geliefert? War der etwa so dumm, nicht zu wissen, was »Psychopath« bedeutete?

Aber die Kränkung ging noch weiter. Und in tief dringender Finesse. »Oder sind Sie: ein Clown? Als ein solcher gingen Sie auch gut durch! Vielleicht gar ein Clown mit Paranoia: Das sind doch die schlimmsten, zumindest nach den heutigen Horror-Autoren!«

Murrmann atmete durch und sagte sich: Ich treffe ganz gewiss mal deinen Vater! Und Maylena! Dann ist dein Ende nahe: Jetzt lasse ich dich mal wirtschaften, du gräbst dir schon selbst die Grube! Gerade wie eben auch! Du weichgespülter Möchtegern-Imperator mit deinen Dampfhammermethoden! Du verzogener Retorten-Spross! Du wirst es nie lernen: Macht darf man nie offen zeigen. Das wäre so dämlich wie heutzutage, wenn Geister in Horrorfilmen auftreten: völlig sinnlos! Der Exorzist, den du damit herbeirufst, der singt dir bald eine ganz andere Melodie, nämlich *Spiel mir das Lied vom Tod*: Rache ist süß, vor allem, wenn sie vom Schicksal selbst – und nicht von mir! – ausgeübt wird! Da kann ich ganz beruhigt sein: Das wird so kommen, es ist unabweisbar. Mach bloß die paar Jahre die Firma nicht kaputt, bis Maylena dir erfolgreich auf die Finger klopft! Das wird dann dein Ende sein: Dann bleibt dir nur, deine traurigen Betthasen herumzuscheuchen!

Oktus sah zufrieden und freundlich und voller Glück Eva-Maria vor sich, und wie sie ihn erkannt hatte. Das hoffte er: zumindest. Aber woher kam ihm die nie gekannte Sicherheit diesbezüglich? – Und nun meinte ihn dieser Halbwüchsige hier zu kennen, der Generator der Künstlichen Intelligenz, einer, der die Menschheit am Nasenring und Halsband vorführen wollte, der aber selbst nur die gängigen Schemata internalisiert hatte, viel zu gut, und der nicht einmal die Anfangsgründe alles Intelligenten kannte? Nichts wusste vom Licht, und seinen Stufen? Der Ingenieur schwieg getreulich weiter, er lächelte, er fühlte sich als Psychopath zwar unwohl, und als mörderischer Clown nicht minder, aber es war ohnehin sein letzter Tag hier: Und so konnte er das durchstehen, selbst wenn er den künftigen jahrelangen Schmerz darüber im Voraus allzu deutlich antizipierte.

»Also, um dem allen vorzubauen, nehmen Sie die halbe Million jetzt?«

»750 wären besser! Das sind pro Jahr, wo ich hier war, bloß fünfundzwanzigtausend an … Schmerzensgeld! Und darunter geht es auf gar keinen Fall! Und eines sage ich: Das ist bescheiden, eigentlich wäre die Million adäquat! Also: eine Dreiviertelmillion? Ich bin kompromissbereit!«

Plicht sträubte sich jetzt noch einmal. Pro forma. Aber innerlich hatte er die Lohnkosten für Murrmann in den nächsten zehn Jahren überschlagen, die waren von dem Gewünschten das Vierfache, und von der Million das Dreifache, da willigte er nach einem kürzeren Hin und Her, das eigentlich nur allzu deutlich sein Roderiks-Gesicht wahren sollte, etwas grimmig ein.

»Auf der Stelle nehme ich an«, freute sich Oktus, »ab morgen bin ich nicht mehr da. Schreiben Sie den Scheck bitte sofort aus!

Ich tausche den noch heute ein!« Dann machte er eine kleine Pause, sichtlich zufrieden fuhr er fort: »Und richten Sie Ihrem lieben Herrn Vater meine herzlichen Grüße aus! Ich schätze ihn sehr, und ich habe unser letztes Gespräch noch in allerbester Erinnerung!«

Als er das sagte, malte sich auf Roderiks Stirn eine kritische Falte, die dem Elektroingenieur schlagend vor Augen führte, wie sehr er mit diesem Gespräch den Sturz des Vaters in die Unpässlichkeit gefördert hatte. Murrmann dachte: Aha! Maylena lässt grüßen! Der wirst du nicht entkommen! Du hast das also mitgekriegt? Oder hat dein Vater es dir nicht bloß angedeutet? Ja, wenn du Konkurrenz spürst, dann wirst du zum Henker!

Wie besprochen, so geschah es. Murrmann ließ den Scheck seinem Konto gutschreiben. Am späten Nachmittag trat er aus dem Bankhaus: Es schneite schon wieder, in dichten Flocken wirbelten weiße Schemen herab und fielen unaufhörlich in dichten Wirbeln umeinander.

In ihm gedieh wieder seine »lächelnde Ruhe«. Er war angekommen. Es gab sein Land. Darin lag seine Wohnung. Die Welt lachte ihm zu. Die Arbeit: war erledigt. Und der Schnee, der niederfiel, rundete alles in stille Pracht. Für Mannheim: Das reine Wunder.

Mit Eva-Maria konnte nur alles: gut werden. Das war klar. So hell und durchsichtig wie diese Stadt im Schnee. Das lief wie der nimmermüde Rhein, ohne Eile, und doch: unaufhaltsam. Man konnte der weiteren Entwicklung ganz unbesorgt zusehen. Das fand er so angenehm dabei: Einfach, weil Macht ausgeschieden war. Von wem war er noch abhängig? Von wem war Eva-Maria abhängig? – Die Zigarren konnten aus der Tasche gezogen werden, wie am Ende von *Independence Day*! Stolz schritten sie zu zweit über die weiße Salzfläche herbei, den staunenden Menschen zu, hinter sich das im stürzenden Flug ruinierte Wrack. Daneben lagen ihre weißen Fallschirme, wie ein Schneeberg gefaltet.

Der Kalk der Sprach-Tünche hatte ausgedient. Hier ging es nun um die Menschen selbst. Das Surrogat-Extrakt des Redens: hatte ein Ende gefunden. In Zukunft würde die Welt ohne ihn labern. Er würde die Wortführung der nächsten Generation übergeben: sollten sie plaudern und plaudern.

Ja! Gerade eben ging eines dieser Produkte selig mit sich selbst sprechend den Bürgersteig herunter: Die bekannten Drähte hingen ihm zu den Ohren heraus und vor dem Mund war eines dieser furchtbaren Zaumzeuge, das kleine Mikrofon, geschnallt. Der flaumbärtige Genießer suhlte sich darin, nicht hier präsent zu sein. So konnte er sich lauschig und traulich allem Sinnreichen enthalten!

Heute aber blieb Oktus davon unberührt: Lassen wir die Welt doch virtuell untergehen!, dachte er. Im alltäglichen Gerede versiegen! Es ist ja ohnehin bloß Lug und Trug. Und Silber. Aber Silber ist auch nicht schlecht.

Nun war aber, mit Götterboten und anderer Überbeschäftigter Hilfe, eine Sondersituation für Eva-Maria Mildenberger und Oktus Murrmann eingetreten. Sie hatte sich eröffnet, im wahrsten Sinne des Wortes: Es war die Tür aufgegangen. Und es schritt etwas herein!

17. PACKUNG

Die Stunden wurden zu Tagen vor lauter Kribbeln im Bauch: Deswegen machte sich Herr Oktus Murrmann bald auf den Weg zu Frau Eva-Maria Mildenberger. Während er hinging, überlegte er zu dem Klang von »M« und »M«, den Buchstaben, mit denen ihrer beider Familiennamen begannen. – Mm! MM! Hmhm!?

Das sagte er lächelnd und schmunzelnd in wechselnder Betonung vor sich hin. Was passte zu diesen beiden Konsonanten? Dass sie wirklich »Kon-Sonanten« waren, also: »zusammen singend«?

Dort, im Laden angekommen, setzte Oktus Murrmann an, im alten Stil der Konferenzen, in seiner schnell begreifenden hastigen Art – er nahm dabei Eva-Maria Mildenberger die Initiative aus der Hand! Er wurde selbst sein eigener Styling-Berater! – Konnte das gut gehen?

Warum konnte er sich nicht am Riemen reißen? Den Mund halten? Einfach mal still sein und es laufen lassen? Es läuft ja von selbst.

Er gestand: »Jetzt sind wir also in Lektion drei! Ich schicke voraus: Die ist mir ganz wichtig! Den Charakter, ad eins, habe ich völlig verstanden, und auch von dem, was Ausstrahlung ist, ad zwei, sind Intuitionen in mir aufgestiegen: Das kam mir aber nur so nahe, wie es bei meiner alten Wesensart kommen konnte, ganz Meines wird das wohl nie! Aber ich brenne darauf, was, ad drei, heute passieren kann.« Hatte er jetzt noch rechtzeitig die Bremse gezogen? Denn schon wieder lachten sich die beiden freundlich zu, er im Stuhl, und sie hinter ihm, und in der Kommunikation der beiden Spiegel zueinander und auch direkt von Angesicht zu Angesicht. Oktus fühlte sich sicher, er wusste, er strahlte Wärme und Zuneigung auf Eva-Maria aus und so redete er – vielleicht zu ungeniert? – weiter.

Messerscharf analysierte er: »Ich habe einen Konflikt.«

Irritiert fragte Eva-Maria: »Welchen?«

Er, beharrlich ungeschickt, fuhr fort: »Zwischen meiner inneren Art und dem, was ich ausstrahle. Das ist mir fast quälend klar geworden. Wissen Sie Rat?«

Merkte er nicht, dass er die Stylistin in die Enge trieb? Sie zupfte etwas nervös an einer Braue und hielt dagegen: »Aber das ist doch gar nicht wichtig. Freunden Sie sich doch zuerst mit ihrem neuen Stil an.«

Aber Oktus preschte weiter vor. Warum musste er das so zerlegen? Und seinen Fortschritt torpedieren? Denn das drohte in seinen nächsten Worten. »Auf das Umstyling, das wir hier vornehmen, und bei dem wir jetzt die ersten Schritte gelungen vollzogen haben: sollte nun eine weitere Veränderung folgen. In dieser ginge es dann nicht mehr um mein äußeres Erscheinungsbild, sondern um meine innere Heilung. Die Glättung meiner inneren Diskrepanz. Ich bin jetzt also gespannt, wie Sie in diese therapeutische Ebene des Stylings einsteigen wollen.«

Welche seiner übergefühligen und spontaneistischen Frauen hatte ihm wohl diesen Floh ins Ohr gesetzt? Dieser Satz erschreckt doch: Wie soll denn in solcher Voraussetzung … eine Beziehung entstehen? Das tötete doch jede Innigkeit ab. Ja eben, genau das war das Problem von Oktus Murrmann! Wenn er mal begeistert war, kannte er kein Halten mehr, und er bohrte und bohrte.

Eva-Maria zog die Unterlippe etwas zurück, sie stand seitwärts hinter ihm. Der Oktus wiederum sah alle ihre Mimik und Gestik im Spiegel vor sich. Blickte sie nicht plötzlich verschleiert und traurig? Sie wusste anscheinend nichts zu antworten, sie ließ die Hände sinken, sie barg diese ineinander, und es war so, als knickte sie zusammen; und sie tastete nach dem Frisierstuhl, der neben Murrmann vor dem zweiten Spiegel stand – ihre Augen richteten sich wie in weite Ferne. Sie ließ sich in diesen Sessel sinken, und es war dem ›Georgier‹, als wäre sie sprach- und ratlos, und als drehe sie an einem Ring, der an einem Finger ihrer rechten Hand saß. Und sie sagte nichts: Ihm schien es aber so, als sähe sie ihn nun auch ein wenig vorwurfsvoll an. Dann erwiderte sie: »Das kann ich nicht. Das will ich nicht: Herr Murrmann! Dafür gibt es andere … Spezialisten.«

Was hatte der Volta-Freund da angerichtet? Zuckte er wieder einmal zu heftig, wie die Froschschenkel des Galvani?

Oktus reagierte: »Habe ich Sie erschreckt? Das wollte ich nicht, oder zumindest nicht allzu sehr. Ich wollte bloß am Anfang ein Zeichen setzen! Einen Ruck hereinbringen! Etwas zu plakativ-georgisch, vielleicht – entschuldigen Sie das bitte vielmals! Gut, also, damit wir uns hier richtig verstehen: Ich erwarte von Ihnen gar nicht, dass Sie mir Vorschläge für mein Heil-Sein machen. Das wäre ja gar nicht gut. Und sinnlos.« Er sprach das, ihr ins Gesicht sehend, in den Spiegel vor ihr hinein.

Und sie sagte in seinen Spiegel hinein: »Danke! Das erleichtert mich ungemein. Ich kann das nicht und ich will das nicht!« Das stimmte durch und durch. Was sollte sie an ihm denn herummodeln?

Und sie hörte nun aus ihrem Spiegel den Oktus sagen: »Das haben Sie ja ohnehin schon getan. Und es ist Ihnen wunderbar gelungen.«

Damit hatte er – Oktus! – elegant die Kurve aus der emotionalen Verwirrung genommen! Ein Coup! Typisch!

Er jagte in eine nächste Überraschung hinein. Im Raum – woher? – zog plötzlich ein hauchfeiner Wohlgeruch auf, geradezu ätherisch, und nahm, unauslöschlich, zu. Es roch, nobel und rosig, nach himmlischem Pharmakon, die erhabene Duftwolke strömte so liebevoll und sensibel, sie mündete zart ins Herz. War genau das Gegenteil von dem antiseptischen Geschwätz vorher. Eva-Maria Mildenberger atmete auf, sie formte mit ihren wunderschönen Lippen das sehr kleine gut geratene O, umrahmt von dezentem Lippenstift, und unter der blonden Dauerwelle fragten ihre blauen Augen wieder etwas irritiert heraus: »Was?« Sie räusperte sich. »Was meinen Sie? Ich habe Sie doch niemals geheilt!«

Oktus lächelte ihr zuerst in dem einen Spiegel zu, dann in dem anderen, zuletzt direkt, er hatte sich umgewendet und sprach ziemlich lebhaft. »Wissen Sie, Frau Mildenberger, es ist doch so: Niemand, der um Heilung bittet, will diese in concreto von jemandem angeraten erhalten. Und jene und jener, die so angefragt das missverstünden, wären schlecht beraten, eilfertig mit Vorschlägen und unterstützenden Hilfen zur Hand zu sein. Und die Fragenden genauso, weil sie auf eine Schnellbehandlung und billige Verwandlung hoffen. Verstehen Sie mich?«

Sie schüttelte den Kopf, ganz leicht, das Gesagte war schwierig zu verstehen, kaum einzuordnen, vielleicht auch durch Oktus' Sprachmelodie. Dazu war auch der Inhalt nicht einfach, und sie hatte auch noch eine Reserve in sich, weil sie sich von dem Vorigen noch bezwungen fühlte. Außerdem sah sie die Verbindung noch nicht, zum Styling, vom Charakter zur Ausstrahlung und von da zum Gesund-Sein, zum Heil-Sein. Aber der Verlust an Rückhalt ließ das kosende Bukett im Raum nicht entschwinden: Er wurde eher noch polyglott sublimer. War es nicht so, als fühlte sie sich geherzt?

Oktus Murrmann fuhr fort: »Nun, die Sache ist doch anders: Worum geht es, wenn jemand um Gesundung seines Wesens bittet, die letztlich auch eine Verwandlung seiner Einstellungen und das Drehen seiner Gedanken bedeutet?«

Sie sah ihn nun unverwandt an, ihre Augen wurden größer, sie vermied aber jede Regung, um sein Wort nicht abzuwerten. Sie wusste immer noch nicht, worauf er hinauswollte, und sie schaute ihn an wie ein unschuldiges Kind, und diese Miene kannte er, nicht aus dem *Fluss ohne Wiederkehr*, woanders her. Woanders her? Und aus welcher Szene? Vielleicht aus der Wirklichkeit der Marilyn, und wirkte da nicht auch der Norman Mailer mit?

Die liebe Offenheit und Hingabe, die ihm entgegenströmte, sie öffnete Oktus' Herz. Er sagte ganz weich und fürsorglich zart und betont langsam und bedächtig: »Worum geht es? In Wirklichkeit? Wenn jemand dieses sagt? Wenn jemand dieses wünscht? Sich so öffnet und bereitet?« Pause. »Die Antwort darauf ist ganz einfach«, meinte er. »Ich gebe sie Ihnen jetzt.«

Eva-Maria lächelte ihm zu, mit einer Spur Unsicherheit, doch geriet sie weiter in jene aufmerksame Wärme und Zugeneigtheit, die den Mann so sensibel berührte. Und die er so gern hatte.

Oktus vollendete es: »Wenn jemand um diese Vervollkommnung bittet – und zwar: Sie bittet! – wie in meinem Fall, bringt er damit zum Ausdruck, er wäre bereit, auch tiefergehenden Rat anzunehmen. Und das ist doch das Entscheidende! Er braucht den Rat zu seiner Gesundheit und seinem Wohlergehen ja gar nicht: Der Rat, den er bereits erhalten hat, ist die Sicherheit und Gewissheit, dass es jemanden gibt, den er fragen kann. Und den – oder auch die! – er darum fragen will, auch wenn er weiß, dass diese Frage nur eine Erklärung ist, die selbst keine Antwort fordert.« – War das jetzt klar?

Nur noch leicht zögernd setzte Eva-Maria Mildenberger an: »Ich ahne, worauf Sie abzielen. Ich glaube zu wissen, was Sie meinen! Wichtig in der Verhaltensveränderung, damit – bei Ihnen! – in dem Zueinander von Charakter und Ausstrahlung, ist nicht, wie sie geschieht: Wichtig ist vielmehr die Bereitschaft dazu. Wichtig ist nicht die konkrete Antwort, sondern der in der Frage – Ihrer Frage! – dokumentierte Wille. Und Sie stellen jetzt einfach in den Raum, es gäbe Personen, denen man diese Öffnung und dieses Wollen … kund tun könnte?«

»Ja! Genau das meinte ich! Und das ist dann perfekte Ausstrahlung, die besagt: Ich vertraue dir!«

»Und das wäre dann – in Ihrem Fall – dann: ich?«, fragte Eva-Maria.

»Ja, Sie! Und niemand anders als Sie.«

Im Raum, im Laden, trat eine Fülle von sich überkreuzenden Auren und intermittierenden Bedeutungen ein. Ein Duft war entstanden, wie von sublimsten Rauchwerk: Er erfüllte die Luft wie der reinigende Geist von Sandelholz. Und den würzigen Kräften entsprach eine kitzelnde Spannung hin und her segelnder Ladung. Vollkommen. Sie trafen sich in einem Klang von Ewigkeit.

Schneite es draußen lichter? Gab es irgendwo den Schneebogen, das kristalline Gebilde aus Glanz und Farbe, das die Sonne im Eisregen erzeugt? Oder war der gerade – oder auch nur? – hier herinnen? Und spiegelte zwischen ihren Bildern hin und her? Und flockte aus ihrer beider Lächeln ganz dicht?

Antwort suchend sah ihn Eva-Maria an. »Was bedeutet das jetzt, genau?« Sie fragte es, obwohl das Gefühl ihr alles schon eröffnete. Aber sie wusste: Ich muss noch einen Schritt ins Unbekannte tun.

»Ich denke, Sie sind es, die ich um eine Veränderung meines Lebens bitten könnte.« Oktus sagte das, freiweg und offen.

»Wirklich?«, fragte sie. »Das geht aber ziemlich weit!« Und ihr Herz hämmerte durch ihren ganzen Leib, eine große Aufregung, die sie sich nicht anmerken lassen wollte, riss sie hoch.

Oktus bestätigte: »Mein Vertrauen zu Ihnen ist so vollkommen, dass ich mich Ihnen sogar im Falle einer Änderung von Charakter und Ausstrahlung – völlig anvertrauen würde! Und das ist sie schon: meine perfekte Heilung!«

Eva-Maria Mildenberger lächelte ein wenig, sie strich sich mit der Hand über die Augen. »Ich habe das … mir geht das … zu schnell«, flüsterte sie. »Ich bin nicht darauf vorbereitet.«

War das nicht ein wenig geschwindelt? Waren ihre Phantasien nicht auch schon in diese Richtung gegangen? Sie dachte: Ich muss doch irgendwie die Form wahren. Aber das machte dem unendlich feinen *profumo*, zu dem Luft und irisierender Schneebogen im Raum geworden waren, nichts aus.

»Sehen Sie«, sprach daraufhin Oktus Murrmann, ebenfalls ganz leise und sehr sacht, »meine georgische Tracht: Ich könnte sie auch auf dem Maskenball tragen. Und so schön sie ist, und so gerne ich sie habe, und was sie mir so Sinnreiches an Bedeutung herbeiträgt: So ist sie doch bloß eine Kleidung, ein Gewand, ein Äußerliches. Wie ich aber hierher komme, bin ich kein Georgier, ich bin Oktus, der gescheiterte Elektroingenieur, in dem dunkle Gedanken und große Verbrechen anklopften und hervorbrechen konnten. Ein räuberisches und zuschlagendes Moment war in mir, das ich nicht mehr abweisen konnte, das mich überfiel und mich wie ein innerer Dschingis Khan selbst beherrschte: Jetzt weiß ich, dass ich verzweifelt war, dass ich mich in eine Sackgasse verrannt hatte. Aber, nun, wo ich Sie kenne, Sie, Eva-Maria, erschließt sich mir der andere Weg! Und darum bitte ich Sie jetzt, mich zu verwandeln, obwohl ich weiß, Sie müssen das nicht mehr tun – es ist ja schon geschehen! – und darum nehme ich Ihnen die Last, mir Vorschriften und Hilfen speziell für mich zu erlassen, ab, Sie sind frei. Doch Sie müssen wissen, dass ihr Styling ganz hervorragend gelungen ist! In allen drei Punkten! Und jetzt komme ich zur Ausstrahlung, ich gehe also ein wenig zurück, und zugleich will ich Ihnen damit zeigen, dass ich auch diesen Schritt gut verstanden habe: Wollen Sie – ich bitte Sie! – nicht heute Abend mit mir etwas unternehmen, und wir treffen uns und wir essen was, miteinander?«

Was war denn heute nur in den Oktus Murrmann gefahren? Man hörte es, man sah es – er hatte sich in den zwei zurückliegenden Tagen vielleicht zu viel mit diesen Angelegenheiten beschäftigt, er war durch und durch präpariert, und er drang so vor, wie man vielleicht in Zentralasien in Reiterhorden galoppiert. Und wieder lag große Tragweite im Raum.

Oktus hörte die ruhige, klare Stimme, aus dem makellosen Teint, aus der ihm so sehr zusagenden Harmonie des Schönen. Ihm gefielen diese Stirn, die Augen, die Lippen. Ihm gefiel einfach alles. Er atmete sie ein, die wohlriechende Sympathie. Eva Maria brachte vor: »Und wenn ich verheiratet wäre? Wieso fragen Sie mich, so abrupt? Und wenn ich aus meiner Berufsrolle nicht aussteigen wollte?«

»Es ist gut«, sagte Oktus. »Eva-Maria, ich frage Sie ja bloß. Weil mein Vertrauen zu Ihnen riesig ist.«

»Ich muss aber jetzt noch einmal nachfragen«, sagte Eva Maria, »dass ich Sie auch vollständig verstehe. Zuerst waren wir beim Charakter: Den haben Sie völlig begriffen und gestaltet! Wir gingen weiter zur Ausstrahlung, also jener Brücke, die hinüberzielt in die Welt und auf die anderen Menschen weist: Darin sind Sie noch nicht ganz so weit wie beim Charakter, Sie tasten sich noch vor. Darum ist hier weißer Nebel! Aber jetzt gehen Sie über Ausstrahlung und weit über Stilberatung hinaus! Sie haben mich schon im ersten Termin nach einem gemeinsamen Hemdenkauf gefragt, und im zweiten Termin schien es mir so, als machten Sie nicht mehr nur geringfügige Andeutungen … über uns beide! Und nun werden Sie ganz direkt und wollen, völlig unverblümt, mit mir zum Essen gehen! Das wäre für mich ja gegen alle professionelle Regel: Trotzdem sage ich, ich hätte gute Lust, mal so was Verrücktes – und gerade mit Ihnen! – zu unternehmen: Ausnahmen bestätigen ja immer die Regel!«

»Es wäre mir eine riesige Freude«, sagte Oktus. »Fassen Sie sich ein Herz! Und wagen Sie ein Abendessen mit einem Georgier, der nach der Ausstrahlung sucht!«

Sie lachten, die Situation blieb zwar ein wenig verlegen, aber das war überhaupt nicht wichtig. Vielmehr lachten beide auch vor sich hin, wie in einer Genugtuung: Oder war es diese stille Sicherheit, die immer schon in diesem Raum mit gegeben war? Der feine Hauch großen Einverständnisses?

»Ob Sie da nicht wieder sehr viel verlangen?«, antwortete Eva-Maria schelmisch, sie drohte spielerisch mit dem Finger. »Aber ich will mich hier nicht zieren, die Backfischzeit habe ich auch schon hinter mir! Und um Ausstrahlung geht es da ja auch schon nicht mehr! Mir kommt es eher so vor, als ob Sie meine Worte in eine recht geschickte Eigenwerbung umsetzen! Sie sprachen ja selbst von dem großartigen Begriff der ›Heilung‹.«

Und Oktus setzte den Satz fort: »Die aber unmittelbar aus allem von selbst hervorwächst! Jetzt haben Sie es schon erreicht: Ich an Ihrer Stelle würde jetzt unbedingt sehen wollen, was noch weiter geschieht. Ich würde mir vorstellen: Es war die These a) geradezu perfekt, sie wurde aber von dem Schritt b) geradezu übertroffen, wenn ich bedenke, wie dieser den Zustand c) – mit seinen unabsehbaren Konsequenzen – einleitete. Bei solchen Ausgangspunkten, und bei solchen Fortsetzungen: Da kann doch nur noch Optimales kommen! Die ganz große Gesundheit!«

»Ein starkes Wort! So wie man es in Mittelasien spricht! Aber, ich fürchte mich fast davor, was es bedeuten könnte.«

»Sie meinen, weil ich so schnell schon so gescheit und so gesund geworden bin? Weil ich so schnell begriffen habe, worauf es im Styling ankommt? Sie allein haben mich doch so gemacht!«

»Ich allein? Niemals! Ohne Sie und Ihr Mitwirken wäre das nicht so zu Stande gekommen.«

»Gut, dann sagen wir doch: Wir wirkten erfolgreich zusammen. Umso mehr wäre es jetzt doch auch geradezu nötig, dass Sie den weiteren Prozess unter die Lupe nehmen wollten … Gibt es denn nicht noch Früchte zu ernten?«

Also verabredeten sie sich im Lokal »Akropolis«. Das lag am Rand der Quadrate, auf halber Strecke zwischen ihren Wohnungen, abends, um 20 Uhr. Diese Entscheidung lief etwas ruckweise ab, in einem gewissen Vor und Zurück, aber doch, man kann es uneingeschränkt sagen: zielgerichtet. Und im Geist des beständigen Dufts.

Oktus Murrmann ging wie im Traum davon. Eva-Maria blieb alleine im Laden zurück. Und wie vordem schloss sie ab: Und dieses Mal ließ sie die Jalousien herunter. Dann drehte sie alle Lichter in dem großen Gemach an.

Sie setzte sich in den Stuhl, in dem der Oktus gesessen war, und nahm sich vor, sich in diesen ihren Kunden hineinzuversetzen, und im Spiegel nach ihr – zuerst hinter ihm, seitlich, dann neben ihm, im Stuhl! – auszuschauen. Kaum aber saß sie, wurden alle ihre Vorsätze zunichte: Nicht schaute sie mehr nach sich! Denn sie fühlte sich auf einen Schlag umwoben und gehoben von weicher Zärtlichkeit.

Sie war auf einmal so geliebt wie im schmeichelnden Schneefall. Da lebte auch schon der sachte kühle Wind wieder auf und sie überlief ein Schauder! Dann erschütterte sie eine so riesige Glückswelle, dass sie in ein bebendes Weinen fiel: Sie ließ ihre warmen Tränen auf die Hände hinabtropfen, so glücklich war sie. Das war wie ein Schneesturm über sie gekommen und sie sagte sich: Langsam jetzt, Eva-Maria, was geschieht dir?

Da trat ihre Kollegin Bettina draußen an die Tür, die wunderte sich, dass der Laden dicht war, sie rüttelte an dem Rollladen und rief: »Eva-Maria!« Diese stand auf, zog die Jalousie in der Tür hoch, schloss selbige auf, drehte das »Geschlossen«-Schild um. »Was ist los?«, fragte ihre Freundin. »Was hast du?« Sie hatte das Schniefen und die verweinten Augen bemerkt.

»Mir ist ein Wunder passiert«, sagte Eva Maria, sie schluchzte, »ein Wunder. Ich bin so unendlich glücklich, dass ich es niemanden sagen kann. Ich habe so etwas noch nie erlebt!«

»Tatsächlich! Du strahlst ja! Ist denn so etwas möglich?«, fragte Bettina.

»Es war wie ein Ruck, in die Freiheit! In einen kalten Wintermorgen hinein, in dem eben die Sonne über den Schneeflächen aufgeht! Ich wusste gar nicht, dass man innerlich so bewegt werden kann: Das ist, wie mit einem Schlag, völlig umgestülpt sein. Da wirkte was zusammen, und zittert immer noch nach … und macht mich so glücklich! Siehst du denn die duftigen Flocken nicht, die hier im Raum wirbeln?«

»Ja«, sagte Bettina, »das ist wie draußen, wo sie gerade ebenso blumenhaft und zart tanzen!« Dann trat sie ganz nahe an Eva-Maria heran, sie umarmte sie, drückte sie, und sie sagte: »Ja, ich sehe es! Was ist hier passiert? Ich spüre auch so ein riesiges Glück: Bitte, halten wir uns … ganz … fest!« Und sie umarmten sich. Sie standen mitten im Raum, alle Lichter waren an, und weiße Schwaden blitzten in den Spiegeln hin und her, und von der weißen Rollladeninnenseite zurück; die weiße Decke mit den viereckig-kristallenen Glasschirmen leuchtete, der helle Boden funkelte mit. Sie hielten sich aneinander fest, und atmeten und waren ganz einfach: glücklich. Sie seufzten.

Wie konnte das nur passieren? Vermutlich weil niemand irgendetwas schwadronierte! Nämlich, weil jenes einzig werte Wort gesprochen war, wenn auch nicht so ausdrücklich wie in Seifenopern: »Ich liebe dich.« Die zwei Freundinnen spürten es: Sie wussten es voneinander, ohne große Worte. Und so waren sie sicher, so sicher wie im nachrichtenlosen Urlaub.

Das war ja: in Grado! Oder in Pesaro! Am Geburtsort des Gioachino Rossini! Und lachte nicht die Ouvertüre der »Diebischen Elster« herein? Gibt es tatsächlich ein Lachen, in dem man vom Boden abhebt? An die Decke fliegt? Und dort sich hält, dass man gar nicht mehr herabkommen kann?

– Supercalifragilisticexpialigetisch?! Oder vielleicht auch gar: Chsitegilaipxehcsitsilegarfilakrepus! Umgedreht eben.

Und wie würde jenes sein, das an diesem Tag noch kommen konnte?

18. PACKUNG

Kaum hatten sie sich im »Akropolis« getroffen und begrüßt – war schon wieder das lächelnde Beieinander-Sein da. Wohlgeruch strömte. Bei Eva-Maria Mildenberger zeigte sich das nun etwas aktiver als bei dem Oktus. Sie winkte ihn sozusagen näher, indem sie ihm ihre Hand entgegen schob – er sah die feine Hauttextur und es durchzuckte ihn, seine Hand daneben zu legen – und sie begann, ihm auf den Zahn zu fühlen.

»Herr Murrmann, bevor wir zum Du übergehen können, muss ich Sie noch etwas fragen.«

Oktus strich sich über seinen werdenden Bart, aufmerksam sah er auf sie hin.

»Also, Sie haben mir mehrmals vermittelt, wie Sie alles Gerede nervt. Aber stimmt denn das damit zusammen? Wenn Sie bloß sagen müssen: ›Ich will von dir geheilt sein‹ – und schon sind Sie heil? Bleibt das nicht ein bloßes Wortspiel, damit auch schon im Verdacht, oberflächliches Gerede zu sein?«

Herr Murrmann überlegte keine Sekunde, sofort gab er Antwort: »Erstens: rede ich Ihnen nichts ein. Zweitens. Reden wir beide uns nichts ein.« Er stoppte, als wäre damit alles gesagt.

Nach einer kleinen Pause kam die Rückfrage: »So einfach soll das sein?« Jetzt war Eva-Maria hellwach.

Oktus ergänzte: »Finden Sie nicht, dass es so einfach geht? Es ist doch offensichtlich, kein Sprachrohr irgendeiner Art – vom Telefonhörer bis zu meinem Aussehen – trage ich mit. Und nicht ich spreche für mich, sondern das, was geschieht. Ein solcher Schneefall ohnegleichen, das ist doch einzigartig in Mannheim.«

Eva Maria sann jetzt zurück, sie dachte an die Ereignisse im Salon, an die weißen Lichtflocken zwischen den Spiegeln.

Oktus ließ ihr Zeit. Dann setzte er in der Erinnerung an den Flor des Duftes hinzu: »Also, ich lege wenig Wert auf die Argumente: Die sind bestreitbar, sie sollen angreifbar sein. Ja! Aber was wollen Sie in Zweifel ziehen, bei solchen Vorkommnissen, und wenn, warum?«

Eva-Maria wehrte ab, nickte. Sie meinte: schon gut. Ich argumentiere, du argumentierst, die Ereignisse beweisen es – trotzdem: völlig unmissverständlich. Wie überzufällig wirken wir beide zusammen mit. Sie sprach das nicht aus, brachte aber vor: »Es wirkt überzeugend. Aber doch noch nicht ganz.«

»Das Vorrecht zu zweifeln will ich Ihnen nicht abstreiten«, bestätigte Oktus. »Aber wenn Zweifel da ist, wird er sicher von meiner Seite her genährt. Denn von Ihrer Seite her fühle ich alles als perfekt!«

»Sagen Sie! Ich könnte das Gleiche behaupten.«

»Dann ist es umso wahrer!«, betonte Oktus.

Eva-Maria setzte noch einmal an. »Es geht also darum, aus der Faselwelt auszubrechen?«

»Genau. Je häufiger etwas bekakelt wird, je häufiger es durch Media fließt, umso höher wird der Konformitätsdruck, damit einhergehend der Meinungszwang. Etwas Zerreden bedeutet ja eine aktuelle Wahrheit zerstören. Das verbirgt die Wahrheit hinter Barrieren: Diese kann niemand leicht überspringen.«

»Es muss ein anderer Strom fließen als der, der die Informationen transportiert. Ein Leben, das mehr als elektrisiert.«

»Wir wollen heraus aus dem Simplen. Das Ätherische, das ist es.«

Die Speisekarten lagen vor ihnen auf dem Tisch, der Kellner wurde schon unruhig und war mehrmals am Tisch vorbeigegangen, da kehrte Eva-Maria Mildenberger den Spieß noch einmal um. Sie gab dem Oktus eine Speisekarte in die Hand und sagte: »Herr Murrmann, Sie haben zuletzt von einem riesigen Vertrauen gesprochen. Sie setzen dieses riesige Vertrauen: in mich. Ist das richtig?«

»Ja!«

»Nun, entschuldigen Sie, dass ich mit der Tür ins Haus falle: Oktus, wissen Sie denn auch, was das bedeutet?«

»Ja!«

»Und was … genau … wäre das?«

»Dass ich Sie voll und ganz akzeptiere, dass ich Sie sehr hoch schätze, kurz: dass ich Sie liebe. Ich liebe Sie, Eva-Maria!«

Jetzt war es raus! War das klug? Ging das nicht wieder zu schnell?

»Sie gefallen mir so sehr. Ich muss Sie lieben«, setzte Oktus fort. Und wiederholte. »Eva-Maria: Ich liebe … Dich!«

Der Herr Murrmann konnte sich anscheinend nicht mehr zurückhalten. Aber er sagte das alles gar nicht feierlich, und er ging keineswegs in die Knie: Er sagte es ganz selbstverständlich. Das war das Natürlichste von der Welt. So selbstverständlich, wie … na eben, wie das Naheliegendste halt. »Eva-Maria, ich liebe dich!« Etwas anderes konnte für ihn in dieser Situation gar nicht gesagt werden.

Und Eva-Maria war von diesen mehrfach wiederholten Worten bezaubert. Oktus traf ihren Ton: Seine Zusage galt, sie war sicher und fest und wunderschön, sie hatte hohe Güte. Eva-Maria konnte nicht mehr an sich halten: Sie schlug beide Hände vors Gesicht und man hörte sie dahinter wie schluchzend atmen. Weinte sie? Verborgen tupfte sie sich Augen und Lider trocken. Dann nahm sie die Hände herunter, legte sie in den Schoß, beugte sich vor, sah irgendwie geradeaus – aber nicht an dem Oktus vorbei, sondern einig und seine Person einnehmend auf ihn hin: Er lag ziemlich umfangreich in ihrem Blickfeld. Doch es kam noch zu keiner Berührung, obwohl eine solche schon ganz nahe lag.

Eine Stille war im Lokal, dass man den Koch in der Küche singen hörte. Eva-Maria lächelte, als hätte sie das alles schon lange gewusst.

»Und übrigens: Ich weiß jetzt, dass Sie nicht verheiratet sind!«, sagte Oktus Murrmann.

»Wie kommen Sie darauf?«

»Sie haben den Ring von der rechten Hand genommen. Der war entweder eine Reminiszenz oder eine Sicherung gegen allzu zudringliche männliche Kunden. Bei mir aber brauchen Sie den nicht: Ich bin erstens nicht zudringlich, nur georgisch direkt, und ich bin auch gar nicht Ihr Kunde: Denn ich bin Ihr … geliebter Mann. Anders kann es nicht sein, denn Sie haben mich von Grunde auf erkannt. Und das kann nicht ohne eine ganz tiefgehende Berechtigung geschehen sein! Ausrufezeichen!«

»Halt einmal jetzt, das geht mir aber schon wieder alles zu schnell! Auch wenn der Laden ein paar Straßen weiter immer noch leuchtet! Und wenn auch hier schon wieder eine Atmosphäre einkehrt, zwischen uns, die … schwer zu beschreiben ist. Und voller eigentlich kaum beherrschbarer Zuneigung.« Das sagte Eva-Maria.

Der Ober aber war erneut an den Tisch gekommen und stand da und wollte die Bestellung aufnehmen.

»Wir haben noch gar nicht in die Karte gesehen«, sagte Oktus entschuldigend.

»Können Sie uns etwas empfehlen?«, setzte Eva-Maria hinzu; es war mehr, als wolle sie die entstehende Ungeschicklichkeit der Situation überdecken.

Wer machte auch schon Liebeserklärungen, kaum hatte man sich gesetzt? Und vor dem ersten gemeinsamen Essen? Der Kellner sagte etwas, etwa so, er werde später wiederkommen, und er ging zur Theke zurück. Es war aber ohnehin so, dass niemand ihm eigentlich zuhörte.

Eva Maria setzte neu an. »Wie soll denn das jetzt weitergehen? Oktus, Sie haben hier eine Situation arrangiert, die ist fast schon nicht mehr lösbar: Sie machen mir Geständnisse, und, selbst wenn mir positive Bescheide und ebenfalls einige Zuneigung auf der Zunge läge, ist es doch zu bedenken, ob ich Ihnen hier in gleicher Münze zurückgeben kann, oder soll, oder will: Denn ich bin vielleicht von anderen Regionen her bestimmt als Sie. Und eben nicht so mittelasiatisch direkt.« – Meinte sie: Ich bin italienisch korrekt?

Sie lächelte. Und dann sagte sie mit ihrer weicher Stimme: »Ich weiß sehr wohl, welches große Einverständnis zwischen uns beiden entstanden ist: Ich fühle es auch. Nur bin ich wohl etwas weniger schnell in der … Definition solcher Gegebenheiten als Sie, so sehr diese mir auch gefallen, wie sie von Ihnen her auf mich klingen, und wie sie mich berühren, und wie sie mich geradezu zu einem Gleichen anregen … können und dürfen und sollen. Das ist halt – Ausstrahlung und – Resonanz. Das ist wohl Liebe.«

Weiter fragte sie: »Haben Sie die Reise nach dem Kaukasus schon gebucht? Und haben Sie etwas dagegen, wenn ich mitkomme?«

»Nein«, antwortete Oktus, »also mit ›Nein‹ meine ich, noch nicht gebucht, und dazu plädiert meine Wenigkeit: Ich habe gar nichts dagegen, dass Sie mitkommen! Es wäre mir ein Vergnügen, mit Ihnen zu reisen. Haben Sie denn auch Verbindungen dorthin?«

»Eigentlich nicht. Aber ich wollte schon lange mal da hin, aus Aznavour-Gründen: Da nutze ich die Gelegenheit, denn alleine reisen will ich ungern …«

»Mensch«, sagte Oktus, »das wird toll! Wir machen das so bald wie möglich! Oder?«

Eva Maria antwortete nicht.

War jetzt der Götterbote wieder da? Denn Oktus änderte die Richtung: »Oder fahren wir einfach, wie alle Verliebten, nach Venedig?! Das wäre doch der Ort für uns, wo wir uns ständig etwas zuflüstern könnten, in der Gondel, auf den *piazze*, am Markusplatz. So etwas wie: Ich liebe dich. Ich bin so froh um dich. Meine Geliebte. Meine Schöne.«

Als sie Venedig hörte, da war aber Eva-Maria frappiert! Sie riss die Augen auf! Woher wusste der das? Und darüber merkte sie gar nicht, wie er ihr die Liebesschwüre zuflüsterte.

Oktus lieferte die Erklärung: »Wissen Sie, meine Liebe, ich sage jetzt noch nicht: *mia cara, mia stella! Mia bellezza! Ti amo! Bacio!* Aber ich habe die letzte Zeit Italienisch gelernt, auf der Suche nach dem Galvani und unserem Alessandro Giuseppe Antonio Anastasio Volta in Milano, Bologna, Firenze, Roma! Ich finde es dort recht schön, wenn auch zuweilen beirrend, weil die Herren der Schöpfung meist so rau herumschreien. Dafür aber singen einige auch immer recht schön!«

Eva-Maria suchte sich zu fassen. Sie ruderte aus Grado-, aus Rimini-, und aus Pesaro-Erinnerungen heraus. Wie sollte sie dem Mann da das nur beibringen? So würde sie sich ja für immer verraten! Und auch uneingeschränkt sagen: »Ich liebe dich!« Konnte es denn sein, dass der sie wirklich erkannt hatte, und immer die passenden, ja die richtigen Worte – für sie! – fand?

Denn dieser Oktus da: Er wollte wohl schon wieder umschwenken. Seine Reiterhorde bog um! Doch sie kam ihm zuvor und sagte: »Aber jetzt muss ich hier eine Wendung einbringen, die Sie vielleicht ebenso überrascht wie Ihre Wendung heute früh im Laden. Dort, wo Sie von einer erwünschten Verhaltensveränderung auf Ihre Bereitschaft zu dieser umschwenkten, und mir daraus Ihre ungebrochene Zuneigung verständlich wurde. Dann richteten Sie sich von dem Georgier auf etwas ganz anderes hin, nämlich auf Sie selbst. Und so will ich es jetzt auch einmal machen, ich schwenke jetzt von Georgien auf ganz andere Pläne: Denn eigentlich geht es hier auch gar nicht um die Reise nach Georgien, es geht auch nicht um Armenien und Charles Aznavour.« Sie sprach zu sich: Eva-Maria, was treibt dich nur? Was springst du vorwärts, im Salto, ins Nichts, oder wohin auch immer? Hast du den Verstand verloren? Warum treibst du es auf die Spitze? Was willst du denn für eine Antwort?

»Sie meinen unsere gemeinsame Lebensreise, die wir hier antreten können. Zweifellos«, antwortete Oktus, wie immer sehr schnell verstehend.

»Ja! *Esattamente.* Ich meine das Allgemeine!«

Jetzt waren sie aber schnell in eine noch viel größere Konsequenz gerauscht. Gerauscht! Das passte hier wirklich! Eilte denn die Eva-Maria so ähnlich voran wie der Oktus? Wenn sie mal aus der Rolle der so sehr Zurückhaltenden herausfand? Etwas lupfte sie hoch. Sie nahm mit einer raschen Bewegung die Hand des Mannes; er, Oktus, fühlte ihre weiche Wärme, ihre feine Haut – und sie ließ diese Hand nicht mehr los! Sie beugte sich ihm nahe! Er wagte nicht zu denken, was das bedeutete, daher redete er wie im Unverstand weiter.

»Eva-Maria, ich schätze Sie so etwa auf Mitte Vierzig bis Fünfzig. Da liege ich doch richtig?« Sie nickte. »Und ich bin so kurz nach Fünfzig. Vom Alter passen wir zusammen. Der große Hinderungsgrund zwischen uns ist, dass Sie eine so herrlich große Frau sind, an der alle Zeichen hervorragender Schönheit unübertrefflich kombiniert sind, und ich: Ich bin demgegenüber ein kleiner hässlicher Wurm. Aber, wenn ich in die Berge in Georgien oder Armenien oder überhaupt in den Kaukasus gehe, kann ich doch vielleicht ein ganz vernünftiger und fescher Mann werden?«

Er strich über ihre feine weiße Haut an der Hand. Wie probend, mit einem Finger. »Und ich bin jetzt etwas ratlos, wie ich dich – ich gehe jetzt endgültig zum Du über, es geht nicht mehr anders – ganz auf meine Seite ziehen kann. So sage ich jetzt, zu dir, was ich sehe: Ich bin im Kaukasus auf der Jagd, tief im Gebirge, ganz hoch oben, wo der Wind kalt über die Steinflächen streicht. Ich steige den schneebedeckten Berghang herab, und der Wind stöbert den Schnee weg, den ich aufwirble: Und meine Hand trägt den Adler, der hat die Lederhaube über den Augen, und die Riemen seines Gefangenseins schwingen sich um meine Hand. Und meine erhobene Hand, auf der er sitzt, sie ist müde, sie tut mir weh: Meine Muskeln im Arm verkrampfen, die Hand will herabsinken, doch wohin soll ich den Adler setzen? Es gibt nirgends eine Sitzstange, keinen Ast, geschweige einen Baum, und ich habe doch noch so weit nach Hause. Und so laufe ich fort, immer weiter, Schritt um Schritt:

auf meiner Hand den Adler, der mir zu schwer wird, und den ich jetzt trotzdem heimtragen will, in meine Hütte, unten im Tal, unter den Bäumen, über die der Schneenebel zieht und Graupeln regnen. Und wenn ich wüsste, dass du dort auf mich wartest: Ich würde dem Adler keineswegs die Freiheit geben, stolz würde ich ihn trotz allem Schmerz heimbringen, und, mit dir, im Schuppen: versorgen! Und er würde vielleicht, trotz aller Adlerschärfe im Schnabel … lächeln!« Seltsam, der Elektroingenieur a. D. erwog nebenbei, dass Oktus Mildenberger viel besser klingen würde als Oktus Murrmann, es wäre ein viel schönerer Name für ihn. Puh, dachte er, so einer, mit einem solchen Namen und solcher Tracht, in den Bergen des Kaukasus, o là là, das wäre ein Ding! Er musste lachen, und Eva Maria lachte mit.

»Es ist schon witzig«, sagte Oktus, »da muss ich fünfzig Jahre durchs Leben rennen, bis du mich, Eva-Maria, auf Georgien stößt, im Atlas: Und mir ist plötzlich, als wäre ich, der immer überall fremd war, doch in einem neuen Lebensgefühl angekommen! Doch ich will jetzt vorsichtiger werden: Denn die werbende Sprache kennt keine Einschränkung – denn gerade diese fesselnde Macht, die will ich unbedingt vermeiden! Mit dir.«

»Herr Murrmann«, erwiderte sie, »glauben Sie – doch ich sage jetzt auch einfach: glaube du – Du! – nur nicht, das mache ich jeden Tag so. Du bist der erste und einzige, bei dem alles, was ich beitragen konnte, so wunderbar passte und klappte. Es ist mir selbst ein Rätsel. Und nach einer Woche standest du als ein Georgier vor mir, mich traf fast der Schlag, so freute ich mich! Und ich fürchtete auch, du würdest gar nicht mehr kommen, denn großem Einverständnis folgt oft die Distanz der Scham: Aber da bist du dann doch mit allen Zeichen unseres letzten Gesprächs gekommen! Ein Wunder!«

»Natürlich kam ich wieder! So verliebt war ich schon!«

Jetzt kam der Kellner erneut daher. Aber nicht einmal das konnte stören: Sie bestellten einfach irgendetwas. Trotzdem wurde es ihrer beider schönstes Essen: Aber das Essen schmeckte gar nicht nach

Essen. Sie mussten schon nach wenigen Bissen aufhören: Dabei hatte der Oktus in der Verwirrung eine doppelte Portion Gyros bestellt und die Eva-Maria eine überdimensionale Schüssel voll Fischsuppe.

Dieses ihr Essen war ein Bild für Götter! Denn sie saßen ganz dicht beisammen, und sie küssten sich immer wieder, ganz ansatzweise, tastend, und der Gesprächsstoff ging ihnen nicht aus. Und der Kellner schritt immer in kreisförmigem Abstand um den Tisch herum, wie um das Territorium von Raubtieren, denen man besser nicht zu nahe kommt. Sie erzählten sich von ihren Hobbys, Eva-Maria von der italienischen Renaissance, und zwar »eher von den Gemälden«, und Oktus von der Filmkunst, die er so sehr schätzte.

Sie waren nun zufrieden, sie hatten die Adressen und die Telefonnummern ausgetauscht: und verabschiedeten sich schließlich etwas förmlich, aber froh und heiter. Wenn sie sich morgen wieder treffen würden: Würden sie an das glauben können, was heute geschehen war? Ja: In beiden nistete, anscheinend konstitutionell bedingt, leichter Zweifel. Es streute sich aber Schnee darüber, Flocke um Flocke, Schal um Schicht, weißes Tuch.

19. PACKUNG

Oktus Murrmann ging zu Fuß den ganzen Weg nach Hause – und er wurde zum Schneemann. Um ihn, im Schneetreiben, fertigte sich die große Stille: Sie breitete sich über den Gehsteig, die Straße, die Ampeln, die Häuser. Und alle Lichter glommen nur noch, alle Töne summten gedämpft.

Da kam ihm entgegen: Alliope. Sie hatte ein bauschiges weißes Kleid an, und das war fein durchbrochen und schneeweiß geklöppelt, es umfing sie weit schwingend von der Stirn bis zu den Füßen. Und der schimmernde Mantel selbst sah aus wie die flockige Schneehülle der Welt. Ihre großen Augen lächelten freundlich: Als Murrmann sie wahrnahm, wurde ihm noch heller und glücklicher ums Herz!

Er ging hoch erfreut neben ihr. Wie gerne hätte er ihren Arm genommen, aber der ihre blieb in der weißen Schneehülle verborgen: So sah er nur ihre sprechenden Augen, die fröhlichen, wissenden. Er staunte über die im Takt ihres Redens auf und ab hüpfenden Wangen, mit ihren Grübchen, darunter der flockig blühende Mund.

Mit diesem Mund diktierte sie ihm – das:

Lob des Winters

Im September durchschreitet die Sonne voller Kraft die letzten Sommertage. Die Luft wird noch einmal feucht und schwül. Und der Himmel wird so dunstschwanger und dunkelblau, als wolle er jeden Augenblick den Regenbogen aus sich selbst gebären. Aber mit einem Male geht der Wind, im Wind fliegt die Sanftheit des Herbstes – im Herbst fliegt die Kindlichkeit der Zeit.

Ganz anders als zur ersten Zeit des Frühjahres liegt alles jetzt ergeben da und wartet. Alles ist seiner Frucht benommen. Doch in der Zartheit der verklingenden Sonnentage bleibt allem noch die letzte Schönheit.

Aber da war auch schon ein wenig die dunkle Wärme des Winters. Sie breitete sich sanft, nahm der Schönheit ihre Helle. Sie machte den Blick trüber, nicht so frei nach außen. Ja, sie war die Schwere, sie war die schwere Kraft des Innen. Sie machte den Blick befangen, sie machte die Gegend rauchig; sie war die dunkle Farbe des Herbstes unter allem Rot im Laub, die befremdend und neu die Rinden bräunte.

Denn die flammende Farbe der Blätter verging, sie wurde dürr und die Blätter krümmten sich; dann fielen sie und rollten am Boden. Auch kälter wurde es; doch die Kälte stand noch unverstanden da und machte nur von Ferne frieren. Im Regen aber strichen die Tropfen schon kalt und dünn. Und langsam, Tag für Tag, senkte sich Dunkelheit auf die Farben.

Dem Knaben Andreas kam es vor, als wäre er bis jetzt nur mit geschlossenen Augen durch die Welt gegangen. Nun merkte er auf, wenn er hochsah: Die Welt um ihn war unerbittlich dunkel. Wenn der Knabe Andreas jetzt spähte, schien die Welt anders als zuvor: Gefährlich und drohend türmte sich Finsternis über ihm. Ohnmächtig senkte er die Augen: Alles überschattend und unumwunden stieß ihm Leid ins Herz.

Er schlug seinen Blick nieder: Dort draußen in der unheimlichen, alles umdrängenden Dunkelheit war ja Entsetzen, war Schmerz. Dort zuckte eine gewitterige Drohung in der Luft. Und in weher Furcht zog er zurück sich auf ein paar vertraute, lichte Posten, die in all dem Dunkel ringsum ruhten: das blinzelnde Spiel des Lichtes im Baum – oder ein Tag ganz weit draußen am Rain, mit einem strahlenden Himmel über der Ebene, und ganz dünnen, fliegenden Fäden in der Bläue.

Trotz allem war das Dunkel immer nah. Es war ganz nah, gerade vor der Schwelle des Augenlides, über die der Knabe Andreas mit jedem Augenaufschlag trat. Es stürzte heftig und schwer über die Schwelle seines Auges, stieß dunkel hinein unter die lichten Tage und Orte, nahm fast allen Raum in seinem Herzen. Und der Knabe Andreas verschwand fast unter dem Druck des Finstern, er schmolz und wurde geringer. Ganz alleine stand er nun vor der dunklen Mächtigkeit der Welt.

Voll Ungewissheit klangen alle Töne wie aus weiten Fernen. Denn dem Zweifel war fast aller Raum gegeben; der machte die Töne ungläubig hallen. Feucht schlug der klamme Novembernebel herab. Und die Wolken waren nah und dunkel, so grau und hart.

Die Welt war kalt und neu. Jedes Ding war neu und anders, war umgrenzt und für sich; an jedem Ding war Anderssein, war ungeheure, unbegreifliche Neuigkeit. In der Öde des Winters, im Nebelgewirr, vor den blattlosen Ästen der Bäume war das Gefieder der Tauben verschlingende Vielfalt. Mit Macht rundete sich die schwere Erdkugel unter allem Leben.

In dem Knaben war die Sehnsucht nach dem Frühling stark. Denn alles hatte seinen Glanz verloren. Der Winter machte alles weit entfernt und fremd.

In die Welt des Knaben Andreas drangen die Worte seiner Eltern. Und auch ihre Worte gingen über die Wärme des Frühlings. Der Knabe Andreas hörte sie: Da begriff er, dass in der Kälte des Winters die Menschen Halt aneinander fanden. Alle empfanden die Kälte so, den Winter, die Wärme des Frühlings. Ja, das war das Lob des Winters: Er machte aller Empfinden übereinstimmend.

Über aller Furcht staunte der Knabe Andreas. In der Kälte des Winters war auf einmal dieses Andere da erschienen. Was das nur war? Das Begreifen, dass im Brustfleisch aller Menschen, wie in seinem, dasselbe menschliche Herz schlug.

Da ließ der erste Schnee in nächtlichem Fall die Dunkelheit des Nebels verschwinden. Hell und licht erschien der Morgen, schneebedeckt streckten sich die Äste der Bäume über die stete Weiße am Boden – und eine befriedigte Ruhe hüllte alles ein. Hier sah der Knabe, wie im Schnee die Landschaft durchsichtiger wurde; er sah, wie verhalten all die Weiße rundum das Licht der Sonne wiedergab. Am Horizont aber vermittelte ein milder Saum aus Nebeln zwischen Himmel und Erde, sodass kein Unterschied zwischen ihnen mehr erkennbar war.

Alles überdeckten Eiskristalle ganz sacht. Und nur noch dämmrig brachen die Nächte herein. Bald danach, in der Nähe des neuen Jahres, war die Kälte am strengsten. Am Morgen tanzten im Licht gegen die Sonne lauter winzige gefrorene Tröpfchen und Stäbchen und zitterten über- und gegeneinander hin.

Am Abend lag am Horizont ein eisig kühles Rot. In der frostklaren Nacht standen über dem Knaben der hellweiße Mond und die blitzende Schar der ihn umgebenden Sterne. Die froststarre Glocke des Himmels wölbte sich bläulich, bis ins Herz des Knaben drang die alles durchdringende Kälte: Sie war der Kern in dem von Mond und Sternen weiß durchflorten Himmel. Und sie breitete sich als diese Kühle da, diese Kühle da draußen, in des Knaben eigener Brust.

In dieser Nacht war der Schlaf des Knaben wie ein Blick durch Fenster mit Eisblumen. Im Eis brachen sich geschliffen die Dinge. Und der Wind wischte über die nächtliche Weiße kleine Fahnen aus Eisstaub. Später aber trug er dicke Wolken; dann schneite es langsam und satt.

Am nächsten Tag hatte sich der verhangene Himmel befreit und stand strahlend blau über allem. Der Knabe Andreas lief draußen im frischen tiefen Schnee und er rannte durch das zur Seite stäubende Weiß. So klein war der Knabe Andreas, dass er im Schnee die Füße kaum herausheben konnte, doch er wollte dies auch gar nicht. Auf seinen roten Fingern schmolz der Schnee – da sah er in einem großen kahlen Baum einen Raben sitzen. Noch nie hatte er einen Raben aus dieser Nähe gesehen; immer sonst waren sie am Himmel vorbei und fort geflogen. Nun aber saß dieser ganz nah vor ihm im Baum und Andreas sah von unten zu ihm hinauf.

Ihn packte ein großes Verlangen nach diesem Raben, er wollte ihn besitzen: Nie zuvor in seinem Leben hatte er sich etwas sehnlicher gewünscht. Andreas schaute zu dem Raben auf und rückte näher im Schnee. Doch das erschreckte den Raben, er hob vor dem Knaben seine Flügel, sprang vom Ast, wollte fort! Aber er flatterte nur schwach, einmal, schwächer ein zweites Mal – dann fiel er herab, sackte mit gespreizten Flügeln zu Boden; er wollte im Schnee noch einmal fliehen, doch ganz schnell war Andreas über ihn gekommen und hielt ihn fest. Er drückte ihn zu Boden, fiel in die Knie, hielt seine Flügel am Körper; dann hob er ihn auf, schmiegte ihn oben in seine Armbeuge.

Seine vom schmelzenden Schnee roten Hände trugen den Raben – und er war voller Freude und Stolz. Der Rabe war um und um schwarz und an seinen Krallen klebte ein wenig alte Erde, und am Ansatz seines Schnabel saßen einige gekrauste graue Haare. Ruhig und unergründlich schaute er aus seinem Sitz heraus. Doch auf einmal – mit unvermuteter Kraft – sprang er weg.

Er warf sich in den tiefen Schnee und hüpfte fort. Das ging nicht schnell und nur wackelnd und Andreas war immer ganz nah hinter ihm, er stürzte ihm nach – doch er konnte ihn nicht mehr erreichen. Schließlich schlüpfte der Rabe unter dem alten Lattenzahn hindurch. Andreas blieb herüben stehen, die Hände am rissigen grauen Holz, drüben warf sich der Rabe in die Luft, hieb seine Schwingen einige Male schwer nach unten, in zuckendem Schlag, kam langsam aufwärts und flog, höher steigend, immer weiter fort und verschwand am Himmel.

Danach ließ das Tauwetter bald den Reif von den Bäumen regnen. Und der Reif legte unten einen grauen und raueren Ring um die Stämme. Der Schnee wurde matter und gröber, unter ihm schimmerte bläulich das Wasser. Und über ein paar Tagen Regen war er auf einmal verschwunden.

Als die Amseln ihre Kehlen probierten, kamen zuerst nur einige stockende, erstarrte Töne. Nachts jagten durch stürmende Wolken Mond und Sterne am Himmel. Es flog auch schon einmal eine Schneeflocke einher und hin und wieder kehrten Nebel und Dunkelheit zurück und der Himmel stand grau und unbewegt, aber nass und dunkel glänzten die Stämme. Wenn auch ein Schnee in erste Blüten fiel: Die Kälte schnitt nicht mehr wirklich. Und am Morgen blieb in der Sonne nichts mehr weiß. Zuallererst leuchteten die Wiesen.

Vor allem war der Wind nie mehr so klirrend. Später war er dann so warm und lau, dass der Knabe meinte, er könne ihn berühren. Und nach dem kurzen Regen mit den großen Tropfen roch die Luft nach Feuchte und gelber Blüte – das Lied der Amseln war wieder Glück und Glut.

Im Herz des Knaben Andreas erwachte der Klang. Der war doch damals im Dunkel verstummt. Nun lachte der Klang wieder, war nicht mehr verbannt: Jede Farbe außen war ein Glanz innen. Der Knabe lebte wieder mit. Zwischen ihm und der Welt entspann sich ein Glimmen.

Ja, jetzt gebar sich mit der Hilfe des Kindes aus Winters Schwärze und Weiße die Farbe. Ihm erblühte das Rot. Und im Augenaufschlag öffnete sich die Herrlichkeit einer weithin sich breitenden Ebene, ihrer Vögel, ihres Flusses: ihres funkelnden Himmels. Und der Vogel im Azur, der Baum am Fluss, der grüne Halm im Korn: war in Leuchtkraft und strahlender Klarheit.

Im Frühling wollte der Knabe Andreas malen. Er wollte herrliche Farben aufs Papier hinaustragen. Und seltsam: Jede Farbe, die er da trug nach außen, war tief in seinem Herzen verbunden mit Glück. Dort lag wie eine Schale das Glück ums Herz, dort lagen Glücksschalen und Glanz. Malend löste er sein Glück vom Herzen:

Und er malte es hinaus, und malte, und es glänzte, und mit jeder Farbe, jedem Glanz: öffnete sein Herz sich mehr.

Im Frühling wollte der Knabe Andreas schreiben. Er schrieb; da färbte sich im Lauf seiner Schrift das Papier, Farbe überhauchte es. Und er schrieb, dass sich die Blätter der Bäume frisch bauschten, zog den blinkenden Fluss durch die Wiesen: Da stand fein grün und blau die neue Farbe im Hintergrund, das neue Gefühl des Glücks in seinem Herzen, er schrieb es, zog es ab, und trug es hinaus aufs Papier.

Was da floss so zart aus der Schwärze seiner Tinte? Unser Leben ist frei, weil die Gnade notwendig ist. *Das war der Sinn, der den Hintergrund färbte. Und obwohl seine Stimme noch nach der Kälte des Winters klang, sprach er und schrieb er.*

20. PACKUNG

»Liebste Eva-Maria: Wenn jemand behauptet, Strom fließt, wer weiß, was da geschieht? Man sucht nach Vergleichsbildern, die sollen einem eine Vorstellung davon verschaffen. Es sind nur Krücken! Wenn ich aber zu dir sage: ›Ich liebe dich‹, dann ist das allen völlig klar. Am meisten aber mir! Und ich hoffe inständig: auch dir!« Oktus' Worte atmeten wallende Nebel in die eiskalte Luft des strahlenden Wintertages. Eva-Maria und er gingen, in dicken Wintermänteln, und doch eng umschlungen, im Luisenpark spazieren. Sie hatten sich zur Mittagspause getroffen: Jetzt stäubten sie durch den Pulverschnee und durch die unberührte weiße Decke überall.

»Es ist kaum vorstellbar«, antwortete sie, »wie Sprache über das Kabel geleitet wird. Noch dazu auch durch Kupfer oder Fiberglas. Und wie können gleichzeitig mehrere Gespräche durch Telefonleitungen geschickt werden? Oder wie funkt man eine Botschaft durch den Raum? Von dem ganzen Internet will ich gar nicht reden. Diese Kommunikation: Welcher Mittel bedient sie sich? Die niemand versteht? Wenn ich aber jetzt zu dir sage: ›Du bist mir überaus sympathisch‹, das ist doch klipp und klar. Und ich sage das, weil ich nichts anderes weiß.« Dann schmunzelte sie, sie hatte einen kleinen beginnenden Reifrand an Oktus' Persianermütze wahrgenommen: Der sah witzig aus, wie vor Alter gekräuselt.

»Wir fühlen es, ganz unmittelbar: Und dieses Gefühl, das teilen wir doch, da muss ich dich nicht nach Likes fragen. Und stumpfsinnige Smileys benutzen.« Oktus griff den Faden auf. Die Sonne leuchtete blitzend aus einem kristallklaren Himmel von tiefstem Blau, die nimmer endende Schneedecke strahlte blendend weiß, die Äste der kahlen Laubbäume führten eine Unmenge von Schneegamaschen und Schneemanschetten, und die Tannen hatten Zipfelhauben übergeworfen. Eva-Maria hatte sich in einen voluminösen Wollschal gehüllt, der war viel größer als die der Fans von Hoffenheim – noch dazu in starken Farben, blau und weiß, streckenweise ineinanderfließend. Auf dem Kopf trug sie eine ebensolche Pudelmütze, verziert mit einem nickenden blau-weißen Bommel. Sie waren ein auffallendes Paar, mit ihrem Größenunterschied, mit ihren Wintermänteln, mit ihren Kleidungszierraten.

Oktus war glücklich: Die große Kälte gab ihm ausreichenden Grund, sich noch näher an Eva-Maria zu drücken, und sie nahm das gerne an – vor allem, weil er zwischendurch so wunderbare Komplimente losließ. Sie vertrauten sich vollkommen, Eva-Maria ihrem Kaukasier, und es war ihr die reinste bare Münze, die ihm da wie Gold zum Mund heraussprang. Und für ihn war sie die vergötterte Frau: Denn er wusste, sie war die Schönste und Beste und Liebste. Und dass dieses alles gerade jetzt passierte: Das konnte doch nie und nimmer ein Styling-Zufall sein, in dem man sein Herz verlor.

»Ja, meine Liebe«, betete er sie zärtlich an, »jetzt ist so ein überaus lichter und prachtvoller Schneefall gekommen. Um uns ist alles so feierlich und erfreulich festlich gedeckt: Gerade wie passend für dich!« Spielte er schon wieder darauf an, dass sie eine »Braut« war? Sie, und alles um sie herum, ganz im weißen Kleid? Das die Natur gespendet hatte? Sie las es zwischen den Zeilen, und war ganz bei ihm und es war ihr hochwillkommen. Er war einfach ein durchtriebener Schmeichler! Geworden!

Sie hatte seine Geschichte über den Knaben Andreas gelesen: Und es schien ihr, als spazierten sie jetzt geradezu in diese Geschichte hinein. Bald musste der Rabe herbeifliegen? Der Vogel, mit seinem schwarzglänzenden Flaum und den klugen Augen, der nur kurz Ruhe suchte – und dann entkam. Eva-Maria liebäugelte damit: »Fast bin ich froh, dass der Knabe Andreas nur diesen Raben hatte – keinen so angestrengten Adler, wie du, im Akropolis.«

»Ja ja«, Oktus zeigte seine Schwäche, »der Akropolis-Adler: Der roch doch schwer nach Eigenwerbung. Doch er brauchte dich nicht zu bestimmen, und er sollte das auch gar nicht: Denn ihm folgte sofort und dir ergeben mitgeteilt der kluge Rabe, der war bescheidener, ohne Machtanspruch! Das war gut! Und weitaus überzeugender!« Oktus hatte seine Geschichte schreiben können: Das machte ihn glücklich, und Eva mit.

Sie fasste nach: »Der Knabe Andreas: Den hat ja eigentlich die Maylena erfunden. Der Rabe da, der erholte sich doch bei dem Knaben? Oder? Und dann flog er plötzlich mit überraschender Kraft auf! Oktus, du bist mein lieber Mann: Das ist mir damit noch klarer: Bei dir erhole ich mich! Doch ich, ich will nicht fort! Ich bleibe.«

»Ja, meine Liebe: Das sagt meine Zuneigung zu dir auch. Wir sind einverstanden miteinander. Ich bin dir herzlich verbunden, das kann nicht anders sein – es wird nie anders sein.« Oktus wagte solche Worte ohne jedes Besinnen, so selbstverständlich gingen sie ihm von der Zunge. Jeder seiner Blicke, sein ganzes Gehabe, alle seine Schritte sagten: »Ich liebe dich.«

Das war ganz anders als: Telefonieren. Das immer was will und das die Stimme der Güte beschädigt. Und die Beziehung hintanstellt.

»Das war von der ersten Stunde an: klar«, bestätigte Eva-Maria. »Wir sahen in die Spiegel, und um und um gewirbelt standen wir plötzlich wie auf neuen Beinen, und die wuchsen so fest in eine Sympathie hinein, dass wir kaum noch auseinandergehen mochten. Diese Sympathie ist ganz fein gesponnen: wie der Pulverschnee hier, und kristallin, und hat durchsichtige Glanzsterne in sich.«

Oktus' Augen hingen an Evas Mund, als sie diese Sätze formte: Und er war es zufrieden, seufzte, lächelte, und sagte: »Ja!«

Sie gingen auf das winterlich verhüllte Schmetterlingshaus zu. Tief sogen sie die klare Luft ein, ihre Brust hob sich freudig, die Herzen pochten und Oktus begann erneut: »Weißt du, was in mir entspringt?

In unserer Zuneigung: Da bin ich für immer geborgen. Nie mehr wird sie mich verlassen, sie kann nicht schmelzen wie der Schnee, es ist ein eindeutiger Fall von unauflösbarer Sympathie, der über uns gekommen ist, über dich und mich, meine Liebste!«

Jetzt sagte Eva-Maria: »Ja!« Dieses »Ja!« war wie ein Schlag an eine silberne Glocke. Fein und zart und alle jene verwandelnd, die den Klang hörten, unter der tiefblauen Kuppel des Himmels, in die ihr Ton hinein vibrierte.

Und nach einer kurzen Pause setzte Eva-Maria noch einmal an. »Wenn im Frühling hier wieder die Schmetterlinge tanzen: Dann haben wir schon einige Monate Sympathie geatmet. Wie im Bad der allerfeinsten Luft. Und in der Klarluft des Winters, immer frisch und erfrischend. Und wir sind immer noch: am Ziel.«

»Ja!« bestätigte Oktus. »Wir sind angekommen. Was kann uns noch geschehen? Ich bin glücklich, mein Herz ist voll Liebe. Und die duftet, ich spüre es überdeutlich, hinüber zu dir. Und kommt von dir zurück, zurück zu mir.«

Und so ging es die ganze Mittagspause durch! So feierlich! So getragen! Das war eindeutig dem Winter und seinen Phänomenen zuzuschreiben. Oktus verlangte nicht nach Styling, Eva-Maria wollte die Galvanik nicht erklärt bekommen: Ihr Glück war ihnen genug.

Und dann geschah das völlig Unausdenkbare: Oktus konnte plötzlich telefonieren! Wie hatte er es gelernt? Wie war das völlig Unmögliche eingetreten? Wie hatte sich seine Fragilität und die unbeschreibliche Perfektion des Realen umsetzen können in einen sprechbaren Niederschlag? War eine intermittierende Zellmembran plötzlich permeabel geworden, hatte sich eine Kruste zur Transparenz bereitet – wenn auch im Vorläufigen, im bloß Angedeuteten, was aber völlig genügte?! Denn zu Hause angekommen rief Oktus Murrmann sofort die gerade eben verlassene Eva-Maria Mildenberger an. »Du Eva-Maria, meine Liebe, können wir uns wieder einmal treffen?«

Das war seine auf der Zunge brennende Frage. Eva-Maria wunderte der Anruf nicht. Sie hatte sich nämlich gerade überlegt, das Gleiche zu tun: Doch nun war er ihr zuvorgekommen. Sie sagte kurz und freundlich: »Natürlich! Und wann?«

Oktus schien noch in umständlicheren Vorbereitungen mündlicher Offenbarung befangen. So holte er zuerst aus: »Ich habe nämlich mit dir Einiges zu besprechen.«

Einiges? Schmeckte das nicht nach Tragweite? Aber hoffentlich ohne längere weitere Einleitung! »Gerne! Aber bitte, mein Lieber: Mache es jetzt – wieder nicht – allzu spannend. Du liebst ja die Überraschung, vielleicht zu sehr, gerade so wie mich, vielleicht auch zu sehr. Darum bitte ich dich gleich: Komme schnell zur Sache – worum soll es gehen?«

Oktus druckste nicht rum. »Ich muss mein Geld irgendwo anlegen. Und ›irgendwo‹ gibt es für mich nicht mehr, denn ich habe dich als meine Anlageberaterin erkoren.«

Eva-Maria Mildenbergers Stimme zitterte, aber nur leicht. Sie zögerte, sie hielt an sich. »Anlageberaterin? Und sogar ›erkoren‹? Chéri, Charly, was meinst du?«

»Nun, es gibt da einige offene Richtungen der Entwicklung. Und das ist der Punkt. Nämlich: Wo ist die Rendite deiner Meinung nach am größten? In Aktien, in Immobilien, in Gold, in Diamanten? Mein Problem ist: Aktien habe ich genug, der Hubertus Plicht hat mir jedes Jahr genug davon zu Weihnachten geschenkt, und Kolleginnen und Kollegen haben mir auch welche überlassen, und ich habe sie, wo ich konnte, dazugekauft. Und, andererseits: Gold und Diamanten, die hast du genug – es bleibt also nur noch die Immobilie übrig.«

Eva-Maria staunte. »Gold und Diamanten? Die habe ich ja gar nicht … Woher soll ich die auch nehmen?«

»Natürlich hast du die! Du hast sie mir doch eben im Luisenpark – und auch schon gestern – in ganz reicher Menge gezeigt! So bleibt – und damit erübrigt sich die vorige Frage fast – nur ein Ressort für dich übrig: Willst du denn nicht meine Maklerin werden, und für uns ein schönes rifugio, nicht im Traumreich, sondern in vero, suchen?«

»Maklerin? Haus und Grund? Oktus, mein Altai-Mann«, sagte Eva-Maria, »du drängst hier vielleicht gar schon wieder arg mongolisch heran. Du reitest im Sturmschritt! Wie soll ich dem standhalten? Aber Gold und Silber und Edelsteine – habe ich gar nicht!«

»Ob du da nicht gewaltig im Irrtum bist«, sagte Oktus. »In einem ganz gewaltigen Irrtum, sogar! Ich fürchte aber, das können wir am Telefon gar nicht besprechen! Da kommen wir nicht an die Realität heran: Da bleiben wir bloß wieder in einer dieser vielen sinnlosen virtuellen Ebenen zu weit von uns selbst entfernt. Und überhaupt, gerade mit dir habe ich bis jetzt erfolgreich jedes Geschwätz vermeiden können! Und du mit mir natürlich auch! Weil ich dich so liebe, mein Schatz, du Herrin meiner Minen und Claims!«

Was meinte er bloß? – »Oktus, aus der bergigen Wüste, aus dem Land des Durstes und der prachtvollen Pastellfarben: Bitte mäßige dich am Telefon jetzt, sei wieder so friedlich wie im Akropolis, begnüge dich mit meiner Hand, so wie ich mit deiner!«

»Ich widerspreche! Dir! Denn für mich ist es das Wichtigste, nicht im Geschwätz zu enden, ad eins, und selbst das Schweigen zu genießen, weil ich dich anschauen kann, dabei, ad zwei. An die Immobilienfrage schließt sich nämlich nahtlos die ästhetische Bemerkung! Du bist ja so schön, so prachtvoll! Im Kosmos des Kosmetischen der Gipfel!«

Eva-Maria schluckte. Sie hatte einen Kloß in der Kehle, ihre Augen waren feucht. Wow! Was entstand da für eine Pause!?

Oktus sagte: »Diese Pause jetzt, fühlst du es, sie ist bis zum Platzen voll mit meiner Liebe für dich!« Und er fuhr fort: »Es ist einfach wunderbar, wie es mir mit dir gelingt, einfach kein Geschwätz aufkommen zu lassen!

Und das will ich weiter so halten: Was nützt dir Gold und Geschmeide, wenn wir bloß darüber sprechen? Oder wenn wir bloß ein Gedankenbild davon im Kopf haben? Und wenn dieses Gedankenbild vielleicht eine illusionäre Täuschung ist, ein Wunsch bleibt? Oder vielleicht gar eine Lüge, die ich keineswegs gewillt bin, wahr zu machen, und die ich dir zur Täuschung zuschicken will, um etwas zu ergaunern? Fünf Ecken von der Wirklichkeit entfernt, das ist vielleicht doch etwas gar arg weit! Ich will dich sehen und fühlen, mit Fleisch und Blut, meine liebste Eva-Maria!«

»So so! Du planst anscheinend schon wieder etwas … gar einen Einfall mit der Goldenen Horde? Willst du ganz Europa mit deiner Macht überziehen? Komm doch stattdessen rüber, zu mir, komm doch morgen Mittag zu mir ins Geschäft, zum Spazierengehen, dann kannst du wieder meinem Spiegelbild deine Phantasien beichten! Oder wir gehen noch mal ins Akropolis, heute Abend! Dann kannst du armenisch singen, wie im Kaukasus, wo die Arche strandete, am Berg Ararat!«

»Gut, ich komme jederzeit rüber! Aber, damit du dich vorbereiten kannst, komme ich noch einmal auf die Immobilienfrage zurück: Wo willst du wohnen, in Ost, Nord, Süd oder West? Und auf welchem Kontinent? Ich habe leider nicht deine Stylingfähigkeiten, Leuten einen Atlas in die Hand zu geben, und sie blättern da durch und bleiben irgendwo hängen: Und das ist es dann. Also: Wohin soll es gehen?« – Der telefonierte tatsächlich wie ein Weltmeister!

»Oktus, von welcher Richtung sprichst du? Willst du doch noch auf die Reise? Was willst du?«

»Was ich will? Ich will einfach das: Du sollst mir deinen Traum auf einem einfacheren Weg als über Atlanten verraten. Oder hast du keinen Traum? Bist du schon wunschlos glücklich? Oder willst du einem Wunsch keinen Raum mehr geben? Aber nicht doch! Bitte, mache das doch! Sage es mir, jetzt, direkt, ins Gesicht! Du siehst doch was vor dir … – Also: bis morgen dann. Schönen Abend noch!«

Bevor er auflegen konnte, hörte er: »Halt mal jetzt! Stopp!« Und dann: »Ich weiß schon etwas für dich! Pass einmal auf!«

Jetzt wurde es interessant!

»Oktus: Du gehst in ein Schönheitsbad! Du sollst eine Haut bekommen wie ein junger Gott! Und deine Haare sollen geringelte Locken werden, die, wie auf römischen Marmorköpfen, dein Gesicht rahmen! A là Leonardo-Michelangelo!«

»Oho! *Mi amore!*«, rief Oktus dazwischen, in jener höchsten Stimmlage seines Entzückens, die Eva-Maria so sehr an Charles Aznavour erinnerte. »Das sind ja feine Versprechungen! Ich nehme sie als Tatsache an!«

Und Eva-Maria fuhr fort: »Ich kenne da einen Ort in der nördlichen Toskana. Der heißt Montecatini Terme! Das Städtchen liegt in der Provinz von Pistoia. Da gibt es sogar eine Standseilbahn, eine *funicolare*! Die führt nach Montecatini Alto hinauf.« Sie setzte hinzu: »Und dort oben, nahe bei der Altstadt, da gibt es schöne Villen zu mieten. Und dort kannst du wohnen, und dort wirst du baden! Und mit der funicolare in die Therme fahren! Und du wirst mein Adonis sein! Und wir liegen im Liegestuhl und fassen uns – heimlich – unter den Bademänteln an der Hand!«

Jetzt hatte es dem Oktus doch: die Sprache verschlagen. Er schnaufte. »Etwa: *Funiculì, funiculà?* Das lasse ich mir eingehen! Das sollten wir gleich nach Venedig erkunden: Wenn dort das Mondlicht die Stadt in die weißen Schleier kleidet, die Kuppeln vor Glück aufspringen wollen wie Tulpenblüten, und die Gondeln kesse Sohlen aufs Kanal-Parkett legen, im sachten Wind vom Lido her – *fresco! fresco!* – und die Tauben vom Markusplatz auffliegen! Wie heißt der Ort noch mal?«

»Montecatini Terme!«

»Richtet man dort auch Nasen gerade? Ich meine das eher symbolisch: Straffen sich die Gesichter so, dass jede Hohlheit in ihnen schwindet und alles an die richtige Stelle rückt?«

»Sicher!«

»Gut, abgemacht: Ich werde bis morgen gleich was zu dem Ort erkunden – *affitare una casa, con giardino!*«

»Gehe aber nicht zu viel und zu lang in dieses World Wide Web flüchtiger Ladungen. Du weißt ja: Jeder Transport durch elektrische Kanäle entwertet, entleert, höhlt aus. Nichts behält seine Substanz, seine Form. Man bricht es halb runter ins Null: Und dann ist es aus mit der ursprünglichen Lebendigkeit! Und Macht erhebt ihr Haupt!«

»Saft und Kraft sind verloren!«, gab Oktus ihr Recht. »Das Ehrwürdige verniedlicht sich ins Modische, das Gute zerklirrt in die Scherben der Normen, die Liebe verpufft an verschluckten Besenstielen. Wir müssen Schluss machen! Gute Nacht!«

»Und schau nach einem Haus, wo auch Platz ist für Besuche!«

21. PACKUNG

Am nächsten Morgen ging Oktus Murrmann ins Kaufhaus Q6Q7: dort hatte vor Kurzem der Edel-Tiffany eröffnet, ein In-Geschäft der Hautevolee!

Er ließ sich Goldringe – »aber mit mehreren Diamanten!« – vorlegen. Es waren einige vorrätig, in großen gepolstert ausstaffierten Schubläden. Und schon auf den ersten Blick stach ihm ein phänomenaler Ring ins Auge. Der rief ihm zu: »Nimm mich! Ich bin der deine!«
Und der Oktus hatte jenen Goldring dabei, den er heimlich aus der Requisitenschublade von Eva-Maria genommen hatte – das war vielleicht die letzte seiner ungeheuerlichen Schandtaten! – und er sagte. »Das ist das Modell für die Größe! Aber der Ring da, der könnte es sein!« Und er wies auf jenen hervorleuchtenden *anello* – und der dort hatte schon wieder die Hand an der Kappe! Wie der Kadett zur See! Und grüßte herüber.

Der Juwelier steckte zuerst den mitgebrachten Ring auf seinen konischen Messstab, er las die Stärke des Durchmessers ab – und tatsächlich passten mehrere Ringe aus seinem Vorrat für diesen, und zwar: ganz genau! Und vor allem auch jener, der so bemerkenswert herübersalutiert hatte!

Auf die Versicherung, ein Umtausch oder eine Rückgabe wäre jederzeit möglich, hinterlegte Oktus Murrmann die gewünschte stattliche Vergütung für den Ring unübertroffener Goldqualität, mit seinem exzeptionellen Diamanten und seinen zwei sagenhaften Adjutanten, flimmernden Brillanten: Die drei saßen freundlich blitzend und nickend beieinander. Sie grüßten schon wieder! Herüber! – Ja, was waren das für Schlingel! Na ja – bei solcher Summe.

– Die zwei strahlenden Edelsteine schmiegten sich an die triumphale Schönheit in der Mitte, den runden, fein weißen Top-Wesselton aus sublimsten Winterglanz: Und um sie alle schäumten, wie feine Reifen aus Schnee, Rocaillen aus Weißgold. –

Der Juwelier packte den Ring in ein schönes, mit Samt ausgeschlagenes Etui, mit hohem Deckel. Diesen Deckel konnte man im geeigneten Moment feierlich aufklappen: Und da drin prangte dann der Prachtring, auf seinem blauen Untergrund, dort lächelten die drei Diamanten im Schneebett.

– Was würde Eva-Maria für Augen machen! –

Die Frau Mildenberger aber brachte an diesem Tag eine Ausrede vor, »sie habe Termine«. So verschoben sie die vierte Sitzung, die formvollendet dieses Styling zwischen der weiblichen Trainerin und dem männlichen Ratsuchenden zum Abschluss bringen sollte. Der Maskuline würde wie ein Unbekannter ins Geschäft kommen, er würde sich vorstellen als »Oktus Murrmann, gewesener Elektroingenieur«, die Feminine würde ihn begrüßen mit: »Ich bin Eva-Maria Mildenberger, Farbberaterin und Styling-Coach.« Als sie das im Voraus besprachen, gab es aber ein erheiterndes Durcheinander: Denn wie sollten sie etwas, das so formell begann, an einem Tag und in der gleichen Stunde noch zum Abschluss bringen, sodass es sauber beendet war? Und keine Reste zurückließ?

Schließlich beschlossen sie so: »Wir verabreden jetzt: gar nichts. Wir lassen es auf uns zukommen. Und handeln ganz spontan.« Jetzt hatte der Oktus aber der originalen Authentizität schon wieder einschränkend vorgegriffen: mit dem Erwerb des Rings! Er gedachte, diesen so zwischen zwei Spiegeln zu präsentieren, dass er unendlich oft zu sehen war, und Eva-Maria und ihre Freude mit, und er auch als der Zaungast im Hintergrund. Nun, er musste sich keine Gedanken machen: Denn auch Eva-Maria griff ihrerseits ebenso schon dem Moment vor – impulsiv plante auch sie eine Überreichung.

In Heidelberg, im besten Antiquariat, hatte sie das Prachtwerk eines Orientalisten über die Geschichte des heiligen Andreas ausgeforscht. Dieser in der Ostkirche so sehr hoch geschätzte Mann galt dort ja als jener, der zuerst Georgien und Armenien missioniert hatte: Er begann südlich des Schwarzen Meeres im heutigen Anatolien, arbeitete sich nach Osten, nach Norden vor. Als sie den prachtvollen Bildband in Händen hielt, freute sie sich höchlich an den Ikonen und den Architekturen, an den Bildern der Reliquienschreine und der farbenfrohen Festzüge. Alles passte so gut! Und auf dem Umschlag waren – wegen des Festes des Apostels am 30. November – folgende Regeln zu lesen: »Sankt Andreas macht das Eis.« Und: »Sankt Andreas macht den Winter weiß.«

Sie ließ das gediegene Buch schön einpacken, gedachte es morgen ihrem Liebsten zu überreichen. Als sie damit in der Tasche durch die Straßen der Altstadt zur Bahn lief, fiel ihr Blick in das Schaufenster eines Antiquitätengeschäftes. Sie rief aus tiefstem Inneren: »Aha!« Denn dort drin hing, links, ein ganz ungewöhnliches Objekt unter Möbeln: ein Matrosenanzug! Blau, mit weißem Kragen, dazu eine blau-weiße Kadettenmütze, hinten mit blauen Bändern. Ja wie kam denn die Ausstattung des Knaben Andreas hierher? Hatte sie sich von der Küste nach Heidelberg verirrt – und sollte demnächst eine Gondelfahrt in Venedig zieren?! Dass der Gondoliere große Augen machte?

– »Wenn ich mich nicht irre, ist das doch genau die Größe von dem Knaben Andreas …«

Richtig! Das war das passende Beigeschenk zu dem Buch! Sie wollte zum Ende des Stylings also überreichen: Zur Erinnerung an den Atlas das Andreas-Buch und als Souvenir für die Piratenaugenklappe die verschmitzte Kadettenausstattung.

Ein solches nachhinkendes Weihnachten: Das musste doch ein guter Schluss sein.

22. PACKUNG

Es braucht eine Synopse: Wie ging es weiter? Vor allem auch: Was geschah mit Maylena?

Sie versetzte die folgenden Jahre die Eltern in den ambivalenten Zustand von Kummer und Erheiterung, die Mutter mehr, den Vater weniger. Ihr Bruder, der Tycoon Roderik, ruderte im Nebel des Zweifels, klärte aber nichts auf.

Fehlte irgendwo etwas, das Kuchenstück, der Einkaufszettel, ein Autoschlüssel, sofort brachte sie vor: »Das war der Knabe Andreas!« Ging mal was schief, kamen Einladungen nicht an, wichtige Papiere wurden liegen gelassen, das Schlüsselloch zum Chefbüro steckte mit Kaugummi voll: »Das hat der Knabe Andreas gemacht!« Und in der Schule: lernte Maylena schwer, weil sie der Knabe Andreas dauernd störte. Sie passte nicht auf, weil der Knabe Andreas Dauer-Jux trieb. Das schlechte Zeugnis, zu dem stellte sie seelenruhig fest: »Das ist gar nicht meines: Ich bin mit dem Sitzenbleiber, dem Knaben Andreas, verwechselt worden!« Und zu den massenhaft üblen Streichen mit den Lehrern, Furzkissen, Niespulver, Stinkbomben, Reißnägel, Apfelbutzen in kochender Wurzelfüßer-Mikroskopie, bemerkte sie: »Klar wie Kloßbrühe! Das kann nur – ich bin mir sicher! – der Knabe Andreas gewesen sein!«

Irgendwer hatte ihr eines Tages diesen Infekt übertragen!, behauptete der zugezogene Kinderarzt. Er war ein Fachmann für Bakteriologie. Die Frau Diplom-Psychologin wusste auch eine Erklärung. Sie sagte: »Es ist ein Übertragungsphänomen.« Was meinte sie damit? War das Kind zu lange über die errechnete Geburtszeit hinaus gereift? War eine Transmission, also »Übertragung«, nicht, oder verzerrt, oder zu laut zugesendet worden? Und warum sprach sie nicht eineindeutig von der Übertragung in der seelischen Behandlung, also einer Reinszenierung frühkindlicher Situation im Therapie-Zusammenhang? Das hätte ihr professionell zur Ehre gereicht! Und Wünsche und Attributionen der Eltern enthüllt – à la Ödipus oder Elektra.

Und so gedieh in dem wie silberfarbig-gebänderten Schutz und Schild des Knaben Andreas der Maylena eine gerüttelte Portion Frechheit. Hubertus Plicht sinnierte in niedergeschlagenen Momenten: Was soll aus meiner Tochter werden?

Doch nicht lange ließ er den Kopf hängen: Denn was der Knabe Andreas verbrach, das machte die so liebenswürdig kosende und immer fröhliche Maylena wieder gut. Sie besaß sein Herz: für immer. Und die zwei: Die verstanden sich prima. Vor allem, wenn es um das Sich-Verkleiden ging: Da hatten sie ein endloses Repertoire.

Als Maylena dann zur Klassensprecherin gewählt wurde, war es allen schlagartig sichtbar: Der Knabe Andreas mäßigte sich! Und die Erklärung war: Der neue Job verbrauchte ziemlich viel Energie. So wie sie diesen auffasste: Ständig klopfte sie am Sekretariat des Direktors und brachte Anliegen vor. Und trat dabei standhaft auf. Der Vater deutete es der Antonia: Da ging dieser kein Licht, sondern eine Straßenlampe, ja – ein ganzes Elektrizitätswerk voll Glühbirnen auf!

Sie und ihr Mann formulierten dann tagelang herum, wie man diesen Zusammenhang erklären konnte, Hubertus sprach überaus doppeldeutig von »mannweiblichen Korrelationen«, Antonia nahm Zuflucht zu Worten wie »Hilfs-Ich«, die noch nie jemand gehört hatte. Auf »Unterforderung« kamen sie nicht. Jetzt aber häufte die Mutter Firmenarbeit, die sich bei ihr stapelte, auf die Tochter hinüber. Die sollte Maylena mal durchsehen: Danach setzten sie sich zur Besprechung zusammen. Der zuhörende Vater amüsierte sich königlich! Und eines

Tages nahm die Mutter Maylena – in Ermangelung einer exzellenten Aufsichtsperson, es war ja kein Oktus da – in den Aufsichtsrat mit. Sie war jetzt elf, bald schon zwölf!

Kaum saßen sie in dem bekannten Konferenzraum, noch war die Sitzung gar nicht eröffnet – Maylena hatte anfänglich alle Anwesenden kritisch gemustert, bevor sie etwas vorlaut von Platz zu Platz ging und die Hand reichte – riss sie in kindlich unüberlegter Weise das Wort an sich und fragte eindringlich: »Wo ist eigentlich der Knabe Andreas?« Sie lächelte, und zeigte dabei deutlich ihre Zahnreihe oben, jene Beißer, die so deutlich Abstand untereinander hielten.

Die Mutter war dermaßen entsetzt über die plötzliche Wiederauferstehung der ominösen Figur! Wie war ihr das peinlich! In dieser Runde! Im beginnenden Frühling! Doch bevor sie reagieren konnte – ihr Blick ging zuerst hilfesuchend und flehend zum Himmel – ratterte der tonnenschwere Güterzug über diese Weiche schon weiter. Absolut konsterniert vernahm sie, wie ihre Tochter Maylena – ganz unverfroren und ohne irgendeinen Einwand gelten zu lassen! – das Stimmrecht für den Knaben Andreas forderte. »Der muss hier mitreden!«, hieß sie das Gremium.

Den verdutzten Damen und Herren klappten die Sprachluken auf.

Nun, diese Aufsichtsrätinnen und -räte, die hatten auch Nachwuchs, und, in Anbetracht dessen Entwicklung, kam ihnen diese Sache mit einem Knaben Andreas doch relativ minimal vor. In jedem ihrer Köpfe traf man das Kind mit Trauerrand um schreiende Farbe. Das musste wohl so sein. Warum also sollten sie sich über die Maylena und ihre kindliche Vorliebe Sorgen machen? Ihr Freund, das war halt dieser Andreas da, den sollte sie gerne hierher mitbringen, natürlich ging das, was war schon dabei? Meinetwegen stimmte der auch mit ab, sie würden schon richtig zählen! Die Mütter und Väter gingen zur Tagesordnung über. Nur eine, oder einen, dem der Kurs der Firma schon lange nicht mehr gefiel, hatte in einer Ecke des Gehirnkämmerchens die Erkenntnis getroffen: Diese Stimme, dieses Stimmrecht, das würde die Gewichte in der Firma – umstürzen.

Antonia Plicht-Turrita aber konnte sich aus dem Flechtwerk ihrer Konfusion nicht herausarbeiten: Sie hatte sich hoffnungslos darin verhaspelt, nur mühsam rang sie sich noch zu Statements durch. Da halfen auch Glühlampen nicht mehr weiter! Und in der Not tauchte vor ihrem inneren Auge der Wink einer ihr ziemlich unbewusst gewordenen Person auf: eingekleidet in die Miniatur des vormaligen Elektroingenieurs Oktus Murrmann, die plötzlich zum Porträt wurde! Hatte der damals nicht babylonische Worte gestoppelt? Und plötzlich verstand sie auch völlig, was er ihr an jenem Tag der Entscheidung, an dem ihr Mann »unpässlich« geworden war, anvertraut und versprochen hatte! Hubertus hatte ihr erzählt: »Der hat in der Götterdämmerung keinen Bissen Spaghetti runtergekriegt! Und immer von der Maylena gesprochen!«

Sein Aufwachsen zum Monumentalgemälde hetzte sie in ein nächstes Entsetzen hinein! Der Tag, von dem der Oktus Murrmann gesprochen hatte: Der Tag war da! Unvermutet war er gekommen. Die Zeit war reif! Doch so schnell und auf einmal? Sie schaute auf ihre Tochter hin, deren blonder Haarkranz um die Stirn wie irrlichternd flog: War denn das hier alles Wirklichkeit? Hatte das Mädchen die Wunderblume gefunden? Mit dem Tautropfen in der Mitte? Denn was trieb ihre Maylena da? – Die Lösung des Banns?

Jetzt ließ die Frau Plicht die Besprechung laufen – und ihre Tochter startete. Und kam in Form. Der Körperschaft schwante von Minute zu Minute mehr, welche neue Korsettstange ihnen da hereingeschneit war. Wie sollten sie das dem irgendwo unabkömmlichen – heute nicht anwesenden – Geschäftsführer Roderik Plicht beibringen? Konnte er das schlucken? Plötzlich lagen Bedenken in der Luft, in ganz neuer Stimmung, frühlingshaft zart in einer noch winterklaren Luft.

Antonia und ihr Gatte Hubertus – der lachend wie der Kapitän selbst von dem Eklat hörte – suchten nun den Oktus zu finden. Und das war eigentlich leicht: Denn es hatte niemand einen solchen Vornamen wie er, und der kriegte auch, wie alle Aktionäre, Benachrichtigungen, über alles Mögliche und Unmögliche. Da stellte sich auch sofort heraus: Der hatte einen neuen Namen angenommen, er hieß jetzt: Mildenberger. Passend zu den sanften Hügeln Etruriens. Dort, in der Toskana, bei Pistoia, saß er, zusammen mit seiner Frau Eva-Maria. Und recht zufrieden waren beide auch noch!

Doch die Plicht Seniors konnten ihn nicht bewegen, aus seinem Versteck herauszukommen. »Mir ist die Ellenbogen-Wirtschaft zu ent-emanzipierend!« Auch hielt er die Telefonate, wie gewohnt: recht kurz. Er sagte bloß: »Besucht mich lieber, wenn ihr wollt! Und bringt vor allen Dingen die Maylena mit! Ich habe mal Lust auf ein anständiges Saurier-Quartett!«

Wer war eigentlich der Knabe Andreas? Ein virtueller Styling-Adonis? Aber wie konnte er dann ein inkognito bleibender Spielkamerad der Maylena werden? Wurde er eventuell von Eva-Maria und Oktus erzeugt? Aber wieso war er dann bei ihrem Kennenlernen schon knapp acht Jahre alt? Damals, zur Zeit des selten großen Schneefalls von Mannheim. Also, viel schwieriger noch: Wie kam er zu der Maylena, oder die zu ihm? Oder war er ganz einfach: eine »Waise«? Die adoptiert werden wollte? Schon erhebt sich die nächste große Frage: Woher stammte eigentlich die Frau Murrmann-Mildenberger? Über diese Eva-Maria weiß man viel zu wenig. Hatte sie etwa schon mal ein Kind geboren?

Nun: Kurz darauf besuchte ein schwerfällig aussehender Mann das Ehepaar Mildenberger: Der erschreckte sie mit seinem fleischigen Gesicht, den hängenden Wangen, den schweren dunklen Augenringen. Er nahm den Hut nicht ab, der sollte wohl sein Mienenspiel verstecken. Den Trenchcoat ließ er zu. Von ihm ging eine unangenehm-erregte Stimmung aus, die schien gar nicht zu seiner behäbigen Leibesfülle zu passen – er schritt auf und ab, sichtete dorthin, schnüffelte hierhin. Befremden trat ein: Was wollte der? Befragt, stellte er sich vor: »Prüfung. Betriebsprüfung! Wir wollen das mal unter die Lupe nehmen!« Was? Dabei stand er mit seiner schwarzen Silhouette vor dem italienischen Garten im Fenster – und schon war er wieder im Suchen, er öffnete den Schrank unter der Spüle, »um die Buchführung zu inspizieren!«

Bald hatte er eine Kladde vor sich, sein Finger fuhr in immenser Schnelligkeit Zahlenreihen hinunter. Und, wie immer, schon ertappt sich fühlend, trat Schuldgefühl ein: Der würde jetzt alle Fehltritte aufdecken! Der hatte die Macht dazu. Der würde jede Sünde, sei sie noch so klein und so lang schon vergessen: ans Tageslicht zerren. Das war der Tag der Vergeltung: Schon fingerte er nach »Kontakten«! Sprach von »unrechtmäßigen Emissionen, die irgendwo ausgestrahlt worden waren«! Dazu waren widerrechtliche Geräte benutzt worden. Und die sollten da unter der Spüle versteckt sein. Oktus spürte große Reue, wie verloren stand er vor seiner wunderbaren Eva-Maria. Doch etwas, ein tief innen verborgenes Glimmen, beutelte ihn. Denn ihm wuchs auf einmal Mut zu, wer weiß woher, ein kleiner schütterer Mut, brüchig und kaum gefüllt – aber er war da.

So sagte er aus einem plötzlichen Einfall: »Von welcher Behörde kommen Sie?« Und setzte hinzu: »Hier ist nichts, aber auch gar nichts außer der Regel geschehen! Alle Einnahmen sind exakt verbucht und auch versteuert!«

Er wiederholte: »Hier ist alles gesund!« Lauter sprach er. Der Eindringling stand da, als ob er nichts gehört hatte, sein Mantel hing schwer an ihm herunter. Er suchte anscheinend das Vorgebrachte zu übergehen. Oktus fühlte sich trotziger, ging das an? Dabei machte er einige Schritte vorwärts, auf den Eindringling zu!

Der Mann mit Hut grinste, er wand sich, wand sich weg, er wiegte den schweren Kopf: verlegen wie ein Kellner, bei dem niemand bestellen will. Dann brachte er seine Arme in langsame Bewegung. Er öffnete seinen Mantel, minimal, er griff aber nicht in die Brusttasche des Mantels hinein: Er fasste noch weiter unter den Umhang und unter das Jackett hinunter – öffnete mühsam und seltsam langsam dort den Hemdknopf!? Ja, was wollte er denn da heraus speditieren? Dann grapschte er unter das Hemd hinein, bis auf die blanke Haut. Doch seine Miene verriet in dieser Zwischenzeit schon übergenug, nämlich: Ich bin bloß künstlich! Nicht einmal kunstvoll! Eigentlich gar nicht da und bloß ein wenig mechanisch.

Endlich holte er eine durchsichtige Riesen-Medaille heraus, wie sie auf Sport-Events vergeben wird, eine Art Ehren- und Erkennungszeichen, vielleicht einen billigen Siegerpokal. Es war ein aus dickem Plexiglas ausgeschnittenes großes R. In dem war oben ein Foto von ihm selbst, in blauem Ringeranzug eingelassen! Man erkannte ihn fast nicht, er war ja noch viel jünger auf dem Bild; aber er hatte schon dünnes Haar. Aha! Diese Glatze lag jetzt unter dem braunen Hut verborgen. Was war das nur für seltsam blaues Ringer-Trikot mit starken Riemen über den Schultern? Und auf dem Querstrich des R in der Mitte war ein Name aufgedruckt. Groß und leserlich stand dort in zu dicken, aber ebenmäßigen Buchstaben: »Rolf Hacker«.

Als Oktus das sah, las, zuckte er zurück! Eva Maria registrierte es auch, schüttelte den Kopf: Der war gewiss kein Götterbote. Was wollte der? Dem Oktus war plötzlich klar geworden: Dieser Rolf Hacker, der gehörte zu der Gilde der Froschschenkel! Galvanisch roh! Und ungeschliffen reagierend! Vom modernen Prometheus erschaffen! Nicht frank und frei, ein Karzerstein! Jetzt fiel ihm ein: Sie kriegten ja heute noch Besuch! Da stieß er hervor: »Heute! Da kommen ja noch die Plichts! Der Hubertus und die Antonia! Und die Maylena!« Und dabei kriegte seine Stimme wieder jenen glockenhellen Aznavour-Klang, den sie sich seit ein paar Jahren angewöhnt hatte. Beim Schmetterlingshaus im Schnee war sie unter dem frostblauen Himmel erschallt.

Den Rolf Hacker interessierte jetzt die Spüle nicht mehr, er suchte plötzlich an der Türklinke herum. Er besah sie sich von innen, drückte die Klinke auf und ab, er prüfte die Schlossfalle, vielleicht, ob sie gut geölt war, und wiederholte das Klinkendrücken dann an der Außenseite – schon klappte die Tür zu und er war plötzlich – nicht mehr da! War: weg!

Jetzt fuhr der Maybach der Plichts knirschend auf dem Kies der Einfahrt vor! Schon sprangen sie heraus, ganz die Alten – nur die Maylena: Die war vielleicht groß geworden! Und kräftig! Und der Hubertus Plicht war gekleidet wie der eingeborene Schweizer, der gut gelaunt auf die Berg-Chilbi geht, mit dicken Nagelschuhen, und der sich schon auf das Schwingen in den Sägespänen freut. Und wie gelassen war die Antonia Plicht-Turrita, und distinguiert! Die Wiedersehensfreude schäumte über, später auch der Prosecco im Garten. Nach der Begrüßung wurde zum Diner beschlossen: Festlich sollte heute der Knabe Andreas in die Gesellschaft eingeführt werden! Er kam auf seinem eigenen Stuhl zu sitzen, der Matrosenanzug war über den gelegt – Eva Maria hatte ihm Ausgang und Urlaub gestattet! – seine Mütze mit blauer Schleife füllte den Suppenteller davor. Maylena gestattet ihm die Nutzung ihres Handys: Denn er telefonierte wie vom Fach. Und die Toasts auf alle Anwesenden und die wiederholten Trinksprüche auf den Knaben Andreas – wurden von jedermann freudig akzeptiert.

Im Gästezimmer, als sie sich für die Nacht vorbereiteten, fragte Hubertus Plicht: »Wie konnte denn Oktus, der verschrumpelte kleine Mann – ein so prachtvolles Weib erobern?«

Antonia wusste es nicht. Sie hing in anderen Fragen fest, sprach nach kurzem Nachsinnen seufzend: »Glaubst du, dass unsere Maylena zur Ehe geeignet ist?«

»Sicher!«, antwortete ihr Mann. »In ihr ist pralles Leben. Da findet sich der Heros, der das aushält.«

Maylena aber, unten, im Fenster, lauschte in die etrurische Nacht hinaus. Hinter ihr saß der Kadett im Sessel, sichtlich ermüdet. Draußen im Garten – Laternen in der Hand – kamen gerade Eva-Maria und Oktus von den zwei Falken zurück, die sie zur Pflege hatten und denen sie den Gute-Nacht-Besuch gemacht hatten. Bald konnten diese in Freiheit aufsteigen, rütteln, kerzengerade herabschießen.